超可愛手作課！

輕鬆手縫
84個 不織布造型偶

絕對不失敗的可愛手作♡

たちばなみよこ◎著

給各位讀者

一針一針地從你手中誕生了不織布玩偶……
細心地加上表情之後，
是不是總感覺看起來很像身邊的誰呢？
即使剛開始還無法作得完美漂亮，
但注入感情縫製而成的不織布玩偶
將是世界上專屬於你，獨一無二的寶物！

作者介紹

♡ たちばなみよこ ♠

曾任職於兒童服飾的企劃設計室＆
擔任玩偶公司的設計師，現今以手
工藝書創作的自由手工藝創作家、
插畫家等身分活躍中。著作多由
BOUTIQUE-SHA出版。

contents

毛茸茸草泥馬……………………………………… 2

鬆軟軟小綿羊……………………………………… 3

袋鼠家族…………………………………………… 4

耳廓狐兄弟………………………………………… 5

晚安熊貓…………………………………………… 6

森林裡的松鼠……………………………………… 7

猴子三兄弟………………………………………… 8

隨心所欲的小貓們………………………………… 10

惹人疼愛的貴賓犬………………………………… 12

時尚的法國鬥牛犬………………………………… 13

動物親子 1（無尾熊‧長頸鹿‧大象）………… 18

動物親子 2（水豚‧馬來貘‧刺蝟）…………… 24

動物親子 3（白熊‧海豹‧海獺）……………… 28

馬卡龍色的小熊們………………………………… 34

搖搖擺擺的水母先生……………………………… 36

河豚的瞪眼遊戲…………………………………… 36

曼波舞者們………………………………………… 37

企鵝先生的遊行…………………………………… 40

海豚的雜技秀……………………………………… 41

愛說話的鸚鵡……………………………………… 44

貓頭鷹的催眠曲…………………………………… 45

溫馨的兔子一家…………………………………… 48

豬先生一家的假日………………………………… 49

可愛的甜甜圈店…………………………………… 54

好吃的甜甜圈……………………………………… 55

女孩的故事 1（拇指姑娘）……………………… 60

女孩的故事 2（愛麗絲夢遊仙境）……………… 61

開始製作之前……………………………………… 95

毛茸茸身體的超可愛草泥馬。
目不轉睛緊盯著的黑色瞳孔真是讓人難以抗拒！

1

2

作法… **P.15**

作法… **P.76**

3

4

鬆鬆軟軟看起來好溫暖的小綿羊，
發現悄悄盛開的小花囉！

鬆軟軟小綿羊

3

袋鼠家族

5

6

袋鼠媽媽的肚子口袋裡裝著小寶寶，
與好姐妹結伴外出散步囉！

作法… **P.70**

耳廓狐兄弟

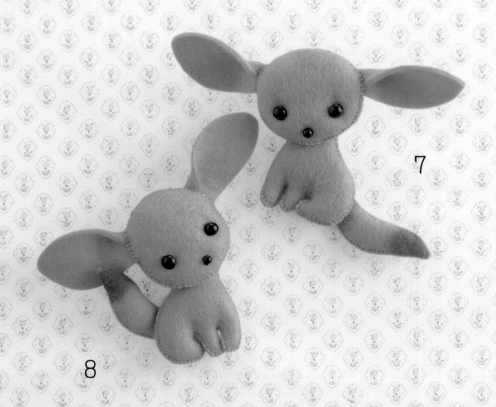

7

8

有著大大的耳朵＆眼睛的耳廓狐，
彼此是形影不離的好夥伴。

作法… P.53

晚安熊貓

9

10

精神飽滿地玩耍後，
將肚子餵得飽飽的，
啊……突然好想睡覺喔！

作法… P.72

作法… P.74

森林裡的松鼠

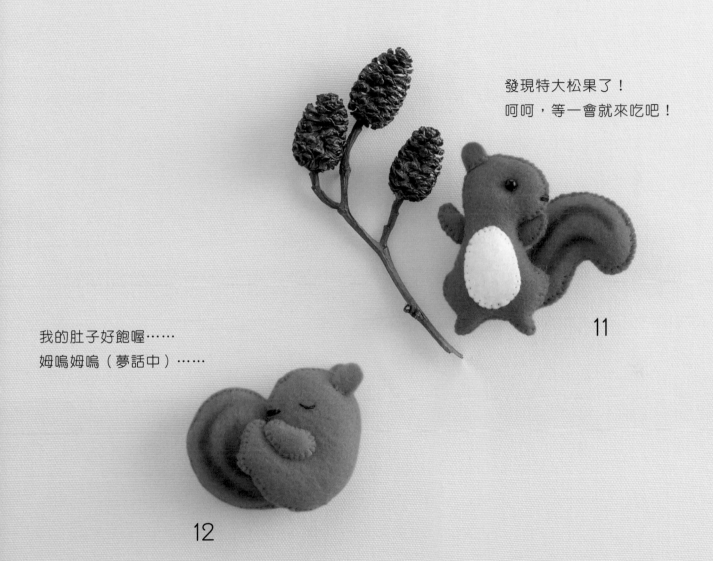

發現特大松果了！
呵呵，等一會就來吃吧！

11

我的肚子好飽喔⋯⋯
姆嗚姆嗚（夢話中）⋯⋯

12

猴子三兄弟

調皮搗蛋的猴弟弟
&悠閒自在的猴哥哥。
正中間的我剛好介於他們兩個之間,
搭配得非常平衡喔!

13

14

15

作法… P.9

原寸紙型參見P.84

13 材料
・不織布
　黃土色・・13cm×15cm
　膚色・・5cm×5cm
・香菇釦
　5mm（黑色・眼睛用）・・2個
・25號繡線・・與不織布相同顏色・紅褐色
・手工藝用棉花・・適量

14 材料
・不織布
　橘色・・13cm×15cm
　膚色・・5cm×5cm
・香菇釦
　5mm（黑色・眼睛用）・・2個
・25號繡線・・與不織布相同顏色・紅褐色
・手工藝用棉花・・適量

15 材料
・不織布
　紅褐色・・13cm×15cm
　膚色・・5cm×5cm
・香菇釦
　5mm（黑色・眼睛用）・・2個
・25號繡線・・與不織布相同顏色
・手工藝用棉花・・適量

＊取1股與不織布相同顏色的25號繡線進行縫製。

作法

1. 繡上嘴巴＆鼻子。

臉

①繡上嘴巴＆鼻子。

2. 縫製頭部前片。

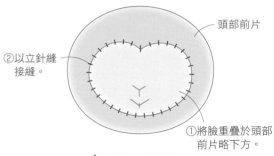

頭部前片

②以立針縫接縫。

①將臉重疊於頭部前片略下方。

3. 縫合頭部＆填入棉花。

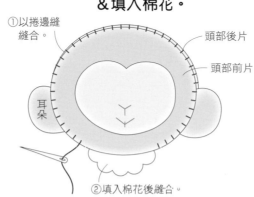

①以捲邊縫縫合。

頭部後片
頭部前片
耳朵

②填入棉花後縫合。

4. 縫上眼睛。

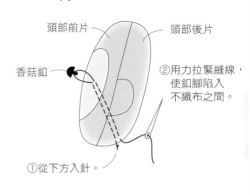

頭部前片
頭部後片
香菇釦

②用力拉緊縫線，使釦腳陷入不織布之間。

①從下方入針。

5. 縫合身體＆填入棉花。

②填入棉花後縫合。
①以捲邊縫縫合。
身體前片

6. 接縫頭部＆身體。

頭部後片
身體後片
自內側接縫固定。

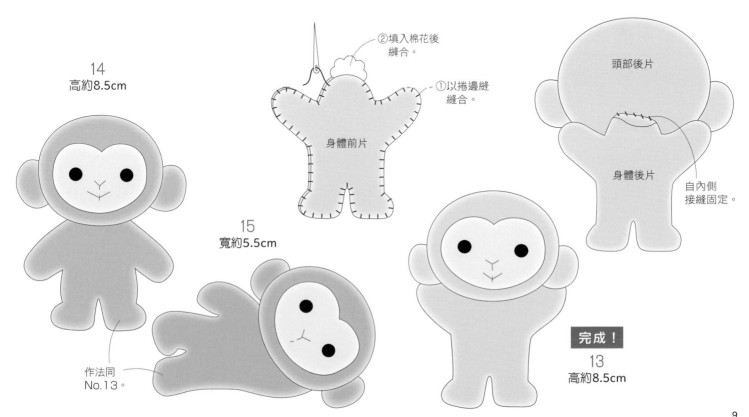

14
高約8.5cm

15
寬約5.5cm

作法同No.13。

完成！
13
高約8.5cm

作法… **P.11**

隨心所欲的小貓們

16

17

18

19

身上有斑點＆三花斑紋的四隻小貓。
正以為他們熱衷於玩耍，
就有一隻跑了過來鬧著要喝牛奶……
真是我行我素的貓咪啊！

原寸紙型參見P.84・P.85

16 材料
・不織布
　白色・・15cm×11cm
・香菇釦
　3.5mm（黑色・眼睛用）・・2個
・25號繡線・・與不織布相同顏色・黑色・灰色
・粉彩筆・・黑色
・手工藝用棉花・・適量

17 材料
・不織布
　白色・・10cm×11cm
・香菇釦
　3.5mm（黑色・眼睛用）・・2個
・25號繡線・・與不織布相同顏色・黑色・灰色
・粉彩筆・・黑色・駝色
・手工藝用棉花・・適量

18 材料
・不織布
　白色・・10cm×15cm
・香菇釦
　3.5mm（黑色・眼睛用）・・2個
・25號繡線・・與不織布相同顏色・黑色・灰色
・粉彩筆・・黑色・駝色
・手工藝用棉花・・適量

19 材料
・不織布
　白色・・10cm×13cm
・香菇釦
　3.5mm（黑色・眼睛用）・・2個
・25號繡線・・與不織布相同顏色・黑色・灰色
・粉彩筆・・黑色
・手工藝用棉花・・適量

＊取1股與不織布相同顏色的25號繡線進行縫製。

18
高約5.5cm

作法同No.17。

16 作法

1. 繡上鬍鬚後，
   縫合身體＆填入棉花。

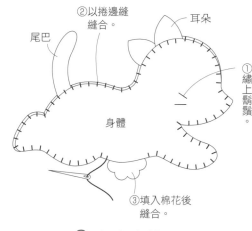

②以捲邊縫縫合。
尾巴
耳朵
①繡上鬍鬚。
身體
③填入棉花後縫合。

2. 製作臉部。

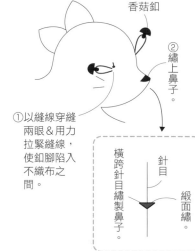

香菇釦
②繡上鼻子。
①以縫線穿縫兩眼＆用力拉緊縫線，使釦腳陷入不織布之間。

橫跨針目繡製鼻子。
針目
緞面繡

3. 加上斑紋。

完成！

高約5.5cm

以粉彩筆上色。

粉彩筆的使用方法
棉花棒
粉彩筆

將粉彩筆削成粉狀，以棉花棒沾取色粉，再暈染上斑紋。

17 作法

1. 繡上鬍鬚＆鼻子，
   再縫合身體
   ＆填入棉花。

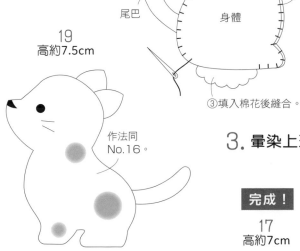

①繡上鬍鬚＆鼻子。
耳朵
尾巴
身體
②以捲邊縫縫合。
③填入棉花後縫合。

19
高約7.5cm

作法同No.16。

2. 縫上眼睛。

香菇釦
②用力拉緊縫線，使釦腳陷入不織布之間。
①從下方入針。

3. 暈染上斑紋。

完成！

17
高約7cm

以粉彩筆上色。

惹人疼愛的貴賓犬

20

21

出門散步時，
總要以蝴蝶結打扮漂亮。
今日主題是柔和色彩的搭配。

作法… P.14

時尚的法國鬥牛犬

22

23

決定一身白的我
&一身沉穩色調的你。
雖然我們總是一副裝傻的臉,
但對於流行可是非常有自己的想法喔!

作法… **P.16**

原寸紙型參見P.85

20 材料
・不織布
　霜降灰・・12cm×15cm
　淺粉色・・2cm×2cm
・香菇釦
　3.5mm（黑色・眼睛用）・・2個
　5mm（黑色・鼻子用）・・1個
・25號繡線・・與不織布相同顏色・黑色
・厚紙・・3cm×3cm
・手工藝用棉花・・適量

21 材料
・不織布
　咖啡色・・12cm×15cm
　水藍色・・2cm×2cm
・香菇釦
　3.5mm（黑色・眼睛用）・・2個
　5mm（黑色・鼻子用）・・1個
・25號繡線・・與不織布相同顏色・黑色
・厚紙・・3cm×3cm
・手工藝用棉花・・適量

＊取1股與不織布相同顏色的25號繡線進行縫製。
＊No.20的霜降灰不織布以淺灰色的25號繡線進行縫製。

作法

1. 縫合頭部 ＆填入棉花。

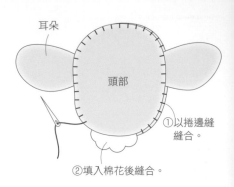

①以捲邊縫縫合。
②填入棉花後縫合。
耳朵
頭部

2. 製作鼻口部。

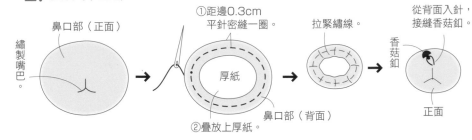

繡製嘴巴。
鼻口部（正面）
①距邊0.3cm 平針密縫一圈。
②疊放上厚紙。
厚紙
鼻口部（背面）
拉緊繡線。
從背面入針，接縫香菇釦
香菇釦
正面

3. 縫上鼻口部。

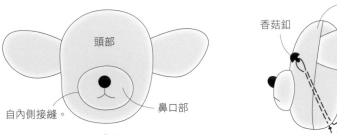

頭部
自內側接縫。
鼻口部

4. 縫上眼睛。

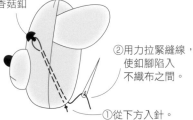

頭部
香菇釦
②用力拉緊縫線，使釦腳陷入不織布之間。
①從下方入針。

5. 摺製耳朵。

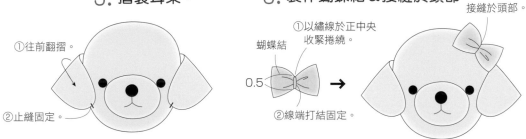

①往前翻摺。
②止縫固定。

6. 製作蝴蝶結＆接縫於頭部。

蝴蝶結
0.5
①以繡線於正中央收緊捲繞。
②線端打結固定。
接縫於頭部。

7. 縫合身體 ＆填入棉花。

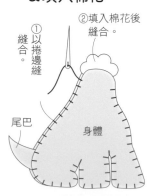

①以捲邊縫縫合。
②填入棉花後縫合。
尾巴
身體

8. 接縫頭部＆身體。

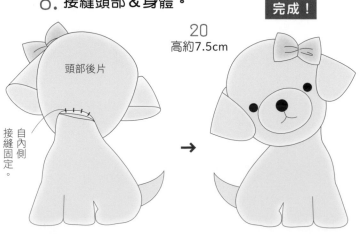

頭部後片
自內側接縫固定。

完成！

20
高約7.5cm

21
高約7.5cm

作法同No.20。

原寸紙型參見P.81

1 材料
・不織布
　白色・・10cm×15cm
　膚色・・5cm×5cm
・香菇釦
　3.5mm（黑色・眼睛用）・・2個
・25號繡線・・與不織布相同顏色・咖啡色
・手工藝用棉花・・適量

2 材料
・不織布
　鵝黃色・・10cm×15cm
　白色・・5cm×5cm
・香菇釦
　3.5mm（黑色・眼睛用）・・2個
・25號繡線・・與不織布相同顏色・咖啡色
・手工藝用棉花・・適量

＊取1股與不織布相同顏色的25號繡線進行縫製。

作法

1. 繡上鼻子。

臉部

繡上鼻子。

2. 接縫臉部。

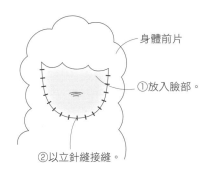

身體前片

①放入臉部。

②以立針縫接縫。

3. 摺製耳朵。

耳朵

往前翻摺。

※左右對稱地製作2片。

4. 縫合身體 & 填入棉花。

耳朵

身體後片

②填入棉花後縫合。

身體前片

①以捲邊縫縫合。

腳

完成！

5. 縫上眼睛。

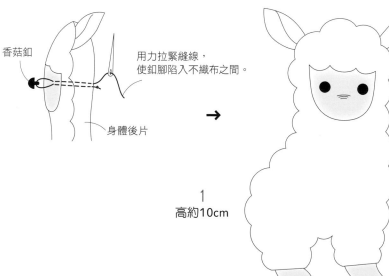

香菇釦

用力拉緊縫線，
使釦腳陷入不織布之間。

身體後片

→

1
高約10cm

2
高約10cm

作出與No.1
左右對稱的
另一隻。

原寸紙型參見P.83

22 材料

・不織布
　白色‥11cm×15cm
　淺粉色‥1.5cm×1cm
　水藍色‥1cm×2cm
・香菇釦
　3.5mm（黑色・眼睛用）‥2個
　5mm（黑色・鼻子用）‥1個
・粉彩筆‥黑色
・25號繡線‥與不織布相同顏色・黑色
・手工藝用棉花‥適量

23 材料

・不織布
　黑色‥11cm×13cm
　白色‥5cm×10cm
　淺粉色‥1.5cm×1cm
・香菇釦
　3.5mm（黑色・眼睛用）‥2個
　5mm（黑色・鼻子用）‥1個
・25號繡線‥與不織布相同顏色
・手工藝用棉花‥適量

＊取1股與不織布相同顏色的25號繡線進行縫製。

22 作法

1. 摺製耳朵。

往前翻摺。

2. 縫合頭部＆填入棉花。

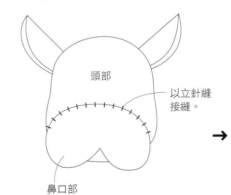

耳朵

頭部

①以捲邊縫縫合。

②填入棉花後縫合。

3. 縫上鼻口部。

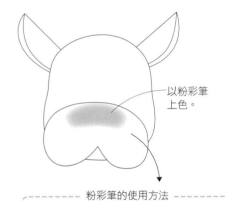

頭部

以立針縫接縫。

鼻口部

以粉彩筆上色。

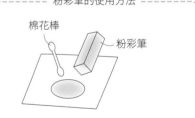

粉彩筆的使用方法

棉花棒

粉彩筆

將粉彩筆削成粉狀，以棉花棒沾取色粉，再暈染上斑紋。

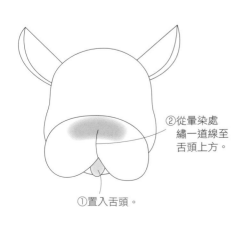

②從暈染處繡一道線至舌頭上方。

①置入舌頭。

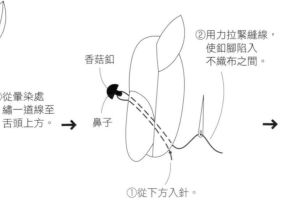

②用力拉緊縫線，使釦腳陷入不織布之間。

香菇釦

鼻子

①從下方入針。

填入少量棉花。

4. 縫上眼睛。

香菇釦

眼白

以鼻子相同縫法，
自頭部後方入針，
將眼白&眼睛一起接縫固定。

5. 縫合身體&填入棉花。

②填入棉花後
縫合。

①以捲邊縫
縫合。

身體

尾巴

6. 接縫頭部&身體。

頭部後片

①自內側
接縫固定。

身體後片

完成！

22
高約9cm

---

23 作法

1. 縫上頭部的斑紋。

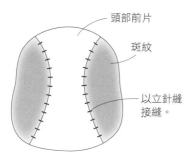

頭部前片

斑紋

以立針縫
接縫。

↓

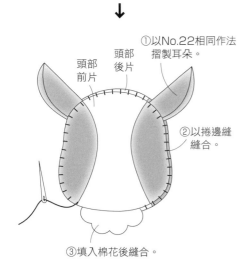

頭部
前片

頭部
後片

①以No.22相同作法
摺製耳朵。

②以捲邊縫
縫合。

③填入棉花後縫合。

2. 製作臉部。

以No.22相同作法製作臉部。

3. 接縫頭部&身體。

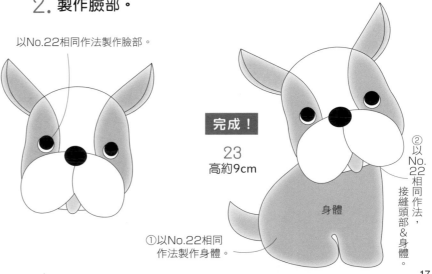

完成！

23
高約9cm

①以No.22相同
作法製作身體。

身體

②以No.22相同作法，接縫頭部&身體。

作法… **P.20**

動物親子 1

無尾熊

不論何時，
我都不想從媽媽的背上離開耶……
我們要一直、一直在一起喔！

24

25

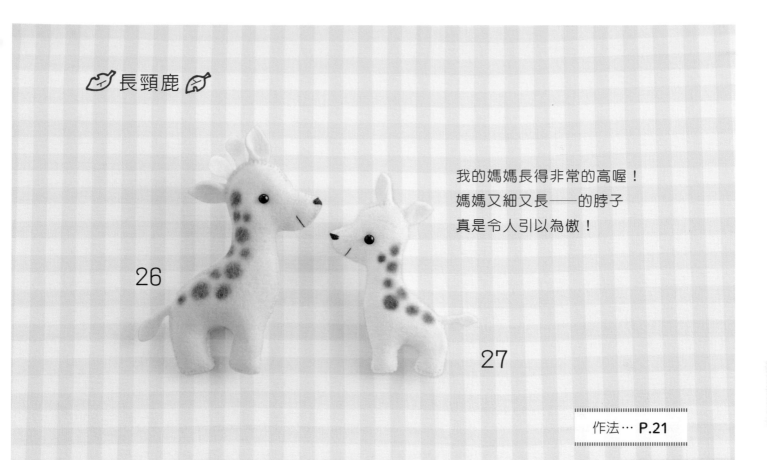

長頸鹿

我的媽媽長得非常的高喔！
媽媽又細又長──的脖子
真是令人引以為傲！

26

27

作法… P.21

大象

雖然我的媽媽是個大力士，
但是她總會用長──長的鼻子溫柔地安撫我。

28

29

作法… P.22

原寸紙型參見P.86

24 材料
・不織布
　駝色‧‧8cm×11cm
　白色‧‧2cm×3cm
　黑色‧‧1.5cm×1cm
・3mm日本珠（黑色‧眼睛用）‧‧2個
・25號繡線‧‧與不織布相同顏色
・手工藝用棉花‧‧適量
・木工用白膠

25 材料
・不織布
　駝色‧‧10cm×13cm
　白色‧‧2cm×4cm
　黑色‧‧1.5cm×1cm
・香菇釦
　3.5mm（黑色‧眼睛用）‧‧2個
・25號繡線‧‧與不織布相同顏色
・手工藝用棉花‧‧適量
・木工用白膠

＊取1股與不織布相同顏色的25號繡線進行縫製。

作法

1. 摺製耳朵。

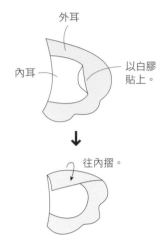

外耳

內耳

以白膠貼上。

往內摺。

※左右對稱地製作2片。

2. 縫合頭部＆填入棉花。

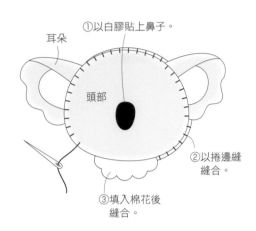

①以白膠貼上鼻子。

耳朵

頭部

②以捲邊縫縫合。

③填入棉花後縫合。

3. 縫上眼睛。

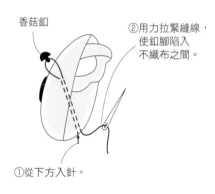

香菇釦

②用力拉緊縫線，使釦腳陷入不織布之間。

①從下方入針。

4. 縫合身體＆填入棉花。

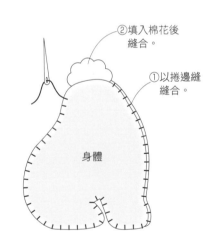

②填入棉花後縫合。

①以捲邊縫縫合。

身體

5. 接縫頭部＆身體。

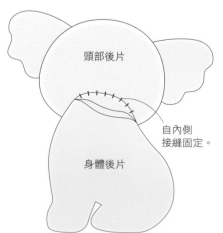

頭部後片

身體後片

自內側接縫固定。

完成！

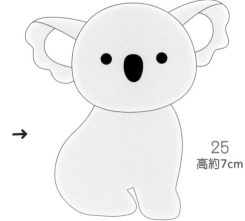

25
高約7cm

24
高約5cm

作法同No.25。

原寸紙型參見P.86

26 材料

・不織布
　黃色・・10cm×18cm
　鵝黃色・・3cm×3cm
・香菇釦
　3.5mm（黑色・眼睛用）・・2個
・25號繡線・・與不織布相同顏色
・粉彩筆・・咖啡色
・手工藝用棉花・・適量

27 材料

・不織布
　鵝黃色・・8cm×14cm
・香菇釦
　3.5mm（黑色・眼睛用）・・2個
・25號繡線・・與不織布相同顏色・黑色
・粉彩筆・・咖啡色
・手工藝用棉花・・適量

＊取1股與不織布相同顏色的25號繡線進行縫製。

作法

1. 摺製耳朵。

往內摺。

※左右對稱地製作2片。

3. 縫上眼睛。

香菇釦

以縫線穿縫兩眼＆用力拉緊縫線，
使釦腳陷入不織布之間。

4. 繡上鼻子＆嘴巴。

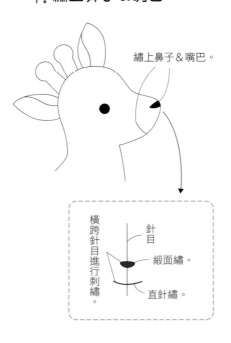

繡上鼻子＆嘴巴。

橫跨針目進行刺繡。
針目
緞面繡。
直針繡。

2. 縫合身體
　＆填入棉花。

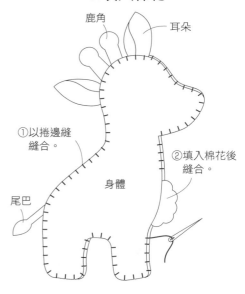

鹿角　　耳朵

①以捲邊縫縫合。
②填入棉花後縫合。
尾巴　　身體

5. 暈染上斑紋。

完成！

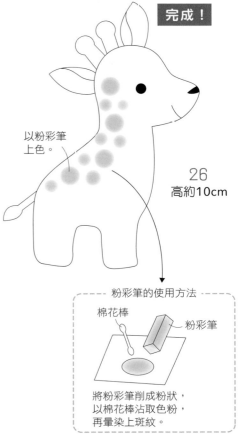

以粉彩筆上色。

26
高約10cm

粉彩筆的使用方法

棉花棒　　粉彩筆

將粉彩筆削成粉狀，
以棉花棒沾取色粉，
再暈染上斑紋。

27
高約8cm

作法同No.26。
（不需縫入鹿角）

原寸紙型參見P.86・P.87

28 材料

・不織布
　霜降灰・・10cm×12cm
・香菇釦
　3.5mm（黑色・眼睛用）・・2個
・25號繡線・・與不織布相同顏色
・手工藝用棉花・・適量

29 材料

・不織布
　深灰色・・13cm×18cm
　紅色・・2cm×5cm
　黃綠色・・1cm×1cm
・香菇釦
　3.5mm（黑色・眼睛用）・・2個
・25號繡線・・與不織布相同顏色
・手工藝用棉花・・適量

＊取1股與不織布相同顏色的25號繡線進行縫製。
＊No.28的霜降灰不織布處以淺灰色的25號繡線
　進行縫製。

作法

1. 縫合身體 ＆填入棉花。

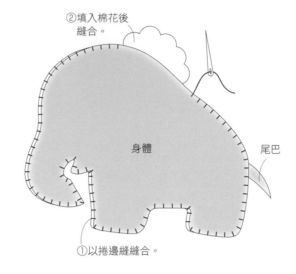

②填入棉花後
縫合。

身體

尾巴

①以捲邊縫縫合。

2. 縫上眼睛。

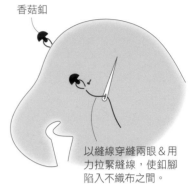

香菇釦

以縫線穿縫兩眼＆用
力拉緊縫線，使釦腳
陷入不織布之間。

3. 縫上耳朵。

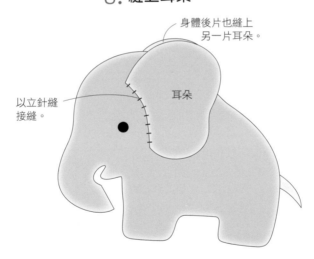

身體後片也縫上
另一片耳朵。

耳朵

以立針縫
接縫。

4. 縫合蘋果 ＆填入棉花。

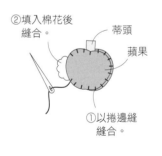

②填入棉花後
縫合。

蒂頭

蘋果

①以捲邊縫
縫合。

5. 縫上蘋果。

28
高約5cm

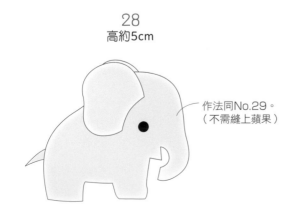

作法同No.29。
（不需縫上蘋果）

完成！

29
高約7cm

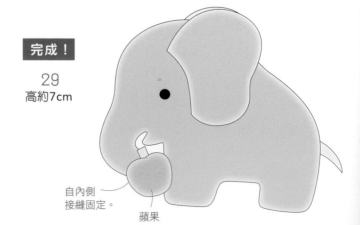

自內側
接縫固定。

蘋果

原寸紙型參見P.85

30 材料
・不織布
　駝色‥6cm×10cm
・3mm日本珠（黑色・眼睛用）‥2個
・25號繡線‥與不織布相同顏色・黑色・紅褐色
・手工藝用棉花‥適量

31 材料
・不織布
　紅褐色‥6cm×10cm
　黃綠色‥2cm×3cm
・3mm日本珠（黑色・眼睛用）‥2個
・25號繡線‥與不織布相同顏色・黑色・綠色
・手工藝用棉花‥適量

32 材料
・不織布
　駝色‥8cm×15cm
　黃綠色‥2cm×3cm
・3mm日本珠（黑色・眼睛用）‥2個
・25號繡線‥與不織布相同顏色・黑色・紅褐色・綠色
・手工藝用棉花‥適量

＊取1股與不織布相同顏色的25號繡線進行縫製。

作法

1. 縫合身體＆填入棉花。

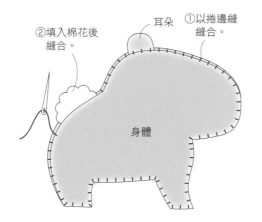

②填入棉花後縫合。

耳朵

①以捲邊縫縫合。

身體

2. 縫上眼睛。

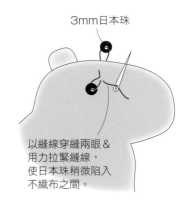

3mm日本珠

以縫線穿縫兩眼＆用力拉緊縫線，使日本珠稍微陷入不織布之間。

3. 繡上鼻子＆嘴巴。

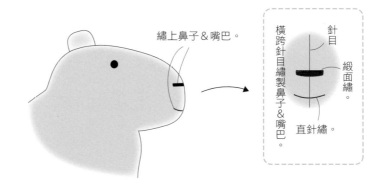

繡上鼻子＆嘴巴。

橫跨針目繡製鼻子＆嘴巴。

針目

緞面繡。

直針繡。

30
高約4.5cm

作法同No.32。
（不需縫上葉子）

31
高約4.5cm

作法同No.32。

4. 在葉子上繡出葉脈。

葉子

繡上葉脈。

5. 縫上葉子。

完成！

32
高約6.5cm

接縫固定。

23

動物親子 2

🌿 水豚 🌿

來吧，你們兩個，
我們要去泡溫泉了！
要緊緊地跟在媽媽的後面喔！

30

31

32

作法… P.23

馬來貘 🍃

34

33

哎呀哎呀，那邊很危險喔！
漸漸地，
你一個人也可以走得很好了呢！

作法⋯ **P.27**

🍃 刺蝟 🍃

今天晚上要煮什麼好呢？
咦？我家的小孩跑到哪裡去了啊⋯⋯

35

36

作法⋯ **P.26**

原寸紙型參見P.87

35 材料

・不織布
　白色・・6cm×15cm
　霜降灰・・7cm×15cm
・香菇釦
　3.5mm（黑色・眼睛用）・・2個
・25號繡線・・與不織布相同顏色・黑色・灰色
・手工藝用棉花・・適量

36 材料

・不織布
　白色・4cm×12cm
　霜降灰・5cm×12cm
・香菇釦
　3.5mm（黑色・眼睛用）・・2個
・25號繡線・・與不織布相同顏色・黑色・灰色
・手工藝用棉花・・適量

＊取1股與不織布相同顏色的25號繡線進行縫製。
＊霜降灰不織布處以淺灰色的25號繡線進行縫製。

作法

1. 繡上背刺的紋路。

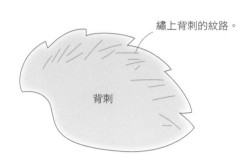

繡上背刺的紋路。

背刺

2. 縫上耳朵。

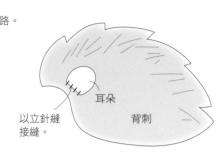

耳朵

背刺

以立針縫接縫。

3. 接縫背刺＆身體。

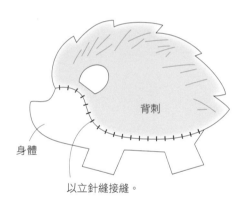

背刺

身體

以立針縫接縫。

※左右對稱地製作2片。

4. 縫合身體＆填入棉花。

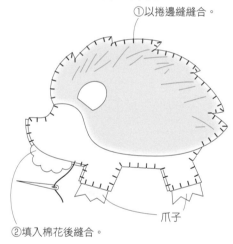

①以捲邊縫縫合。

爪子

②填入棉花後縫合。

36
高約4cm

作法同No.35。

5. 縫上眼睛＆繡上鼻子。

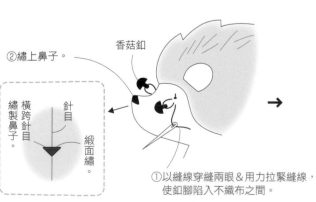

②繡上鼻子。

香菇釦

繡製鼻子。 橫跨針目 針目 緞面繡。

①以縫線穿縫兩眼＆用力拉緊縫線，
使釦腳陷入不織布之間。

完成！

35
高約5.5cm

26

原寸紙型參見P.87

33 材料

・不織布
　白色‥5cm×8cm
　黑色‥8cm×8cm
・香菇釦
　3.5mm（黑色・眼睛用）‥2個
・25號繡線‥與不織布相同顏色
・手工藝用棉花‥適量

34 材料

・不織布
　白色‥7cm×12cm
　黑色‥8cm×17cm
・香菇釦
　5mm（黑色・眼睛用）‥2個
・25號繡線‥與不織布相同顏色
・手工藝用棉花‥適量

＊取1股與不織布相同顏色的25號繡線進行縫製。

作法

1. 接縫頭部＆身體
　＆臀部。

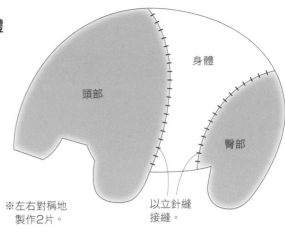

身體
頭部
臀部
※左右對稱地
製作2片。
以立針縫
接縫。

2. 縫合身體
　＆填入棉花。

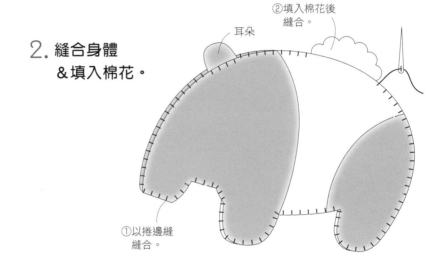

耳朵
②填入棉花後
　縫合。
①以捲邊縫
　縫合。

3. 縫上眼睛。

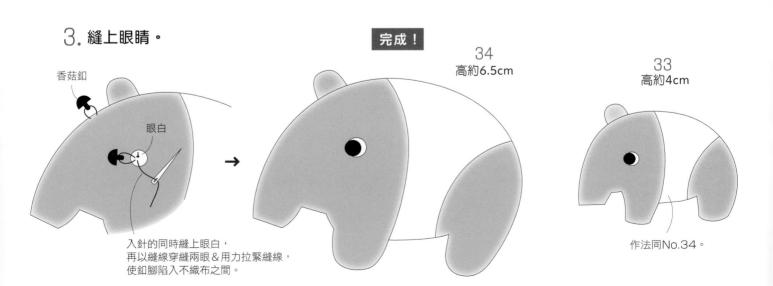

香菇釦
眼白
入針的同時縫上眼白，
再以縫線穿縫兩眼＆用力拉緊縫線，
使釦腳陷入不織布之間。

完成！

34
高約6.5cm

33
高約4cm

作法同No.34。

37

38

39

40

作法
37・38…**P.30**
39・40…**P.31**

不論是白熊媽媽還是海豹媽媽，
隨時隨地都在教育著自己的寶寶。
這是好吃的東西、那是危險的東西……
很多很多大小事一定要好好的教會才行呢！

作法… **P.32**

海獺

海獺母子用餐中——
模仿著媽媽的吃法，
寶寶也要好好地享用貝殼喔！

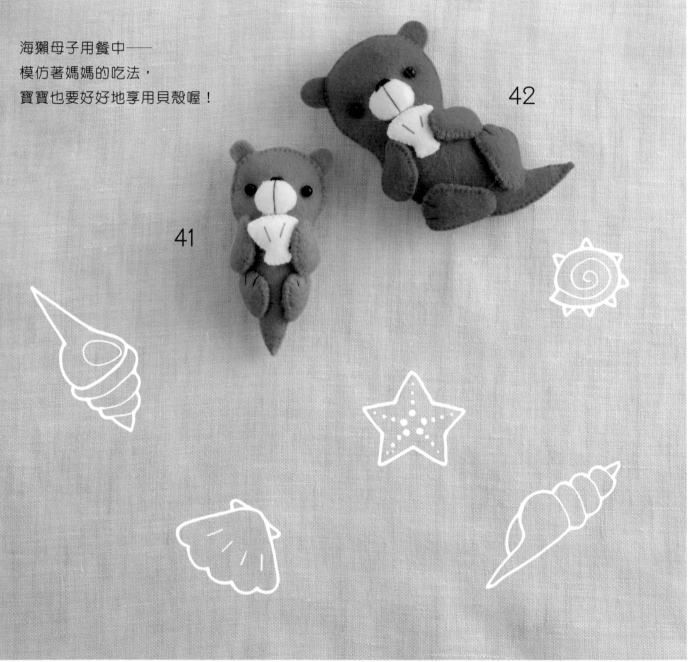

42

41

原寸紙型參見P.87·P.88

37 材料
· 不織布
  白色‧‧13cm×17cm
· 香菇釦
  3.5mm（黑色‧眼睛用）‧‧2個
  7mm（黑色‧鼻子用）‧‧1個
· 25號繡線‧‧與不織布相同顏色‧黑色
· 手工藝用棉花‧‧適量

38 材料
· 不織布
  白色‧‧10cm×130cm
· 香菇釦
  3.5mm（黑色‧眼睛用）‧‧2個
  6mm（黑色‧鼻子用）‧‧1個
· 25號繡線‧‧與不織布相同顏色‧黑色
· 手工藝用棉花‧‧適量

＊取1股與不織布相同顏色的25號繡線進行縫製。

作法

1. 縫上鼻口部。

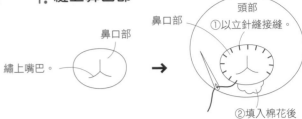

鼻口部
繡上嘴巴。
頭部
①以立針縫接縫。
鼻口部
②填入棉花後縫合。

2. 縫合頭部＆填入棉花。

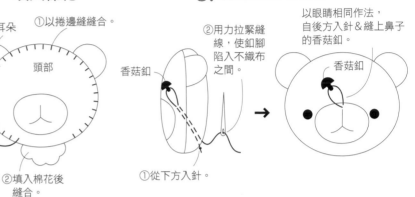

耳朵
①以捲邊縫縫合。
頭部
②填入棉花後縫合。

3. 縫上眼睛＆鼻子。

②用力拉緊縫線，使釦腳陷入不織布之間。
香菇釦
①從下方入針。
以眼睛相同作法，自後方入針＆縫上鼻子的香菇釦。
香菇釦

4. 縫合身體＆填入棉花。

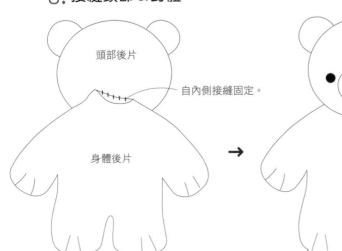

②填入棉花後縫合。
身體
①以捲邊縫縫合。

5. 繡上爪子。

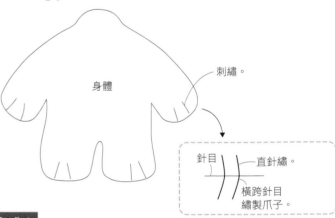

身體
刺繡。
針目
直針繡。
橫跨針目繡製爪子。

6. 接縫頭部＆身體。

頭部後片
自內側接縫固定。
身體後片

完成！

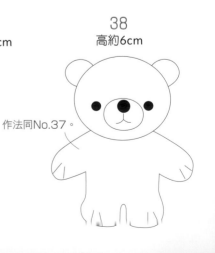

37
高約9cm

38
高約6cm

作法同No.37。

原寸紙型參見P.88

39 材料

・不織布
　白色‥10cm×15cm
　霜降灰‥2cm×2cm
・香菇釦
　3.5mm（黑色・眼睛用／2個
　　　　　黑色・鼻子用／1個）‥共3個
・25號繡線‥與不織布相同顏色・黑色
・手工藝用棉花‥適量

40 材料

・不織布
　霜降灰‥12cm×18cm
・香菇釦
　3.5mm（黑色・眼睛用）‥2個
　6mm（黑色・鼻子用）‥1個
・25號繡線‥與不織布相同顏色・黑色・白色
・粉彩筆‥黑色
・手工藝用棉花　適量

＊取1股與不織布相同顏色的25號繡線進行縫製。
＊霜降灰不織布處以淺灰色的25號繡線進行縫製。

作法

1. 縫上鼻口部。

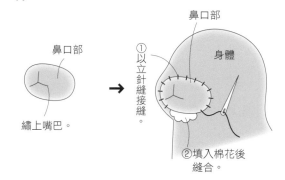

鼻口部
鼻口部
繡上嘴巴。
①以立針縫接縫
身體
②填入棉花後縫合。

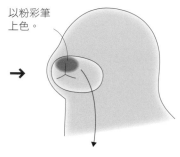

以粉彩筆上色。

粉彩筆的使用方法

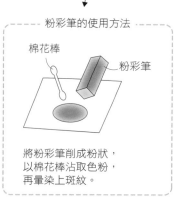

棉花棒
粉彩筆

將粉彩筆削成粉狀，
以棉花棒沾取色粉，
再暈染上斑紋。

2. 縫合身體＆填入棉花。

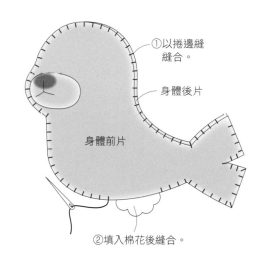

①以捲邊縫縫合。
身體後片
身體前片
②填入棉花後縫合。

3. 縫上眼睛。

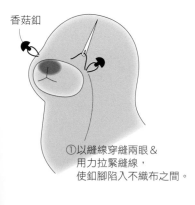

香菇釦

①以縫線穿縫兩眼＆
用力拉緊縫線，
使釦腳陷入不織布之間。

4. 縫上鼻子。

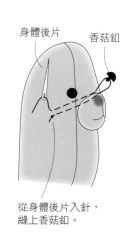

身體後片　香菇釦

從身體後片入針，
縫上香菇釦。

5. 縫上鬍鬚。

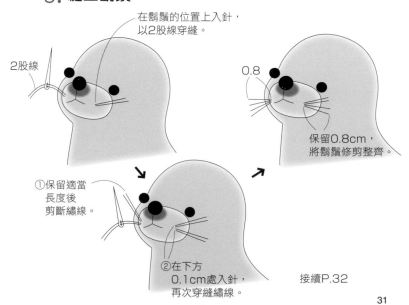

在鬍鬚的位置上入針，
以2股線穿縫。
2股線

0.8
保留0.8cm，
將鬍鬚修剪整齊。

①保留適當長度後剪斷繡線。

②在下方0.1cm處入針，再次穿縫繡線。

接續P.32

6. 製作前鰭。

①以捲邊縫
　縫合。

前鰭

②填入棉花後
　縫合。

繡上紋路。

針目　　直針繡。

橫跨針目
進行刺繡。

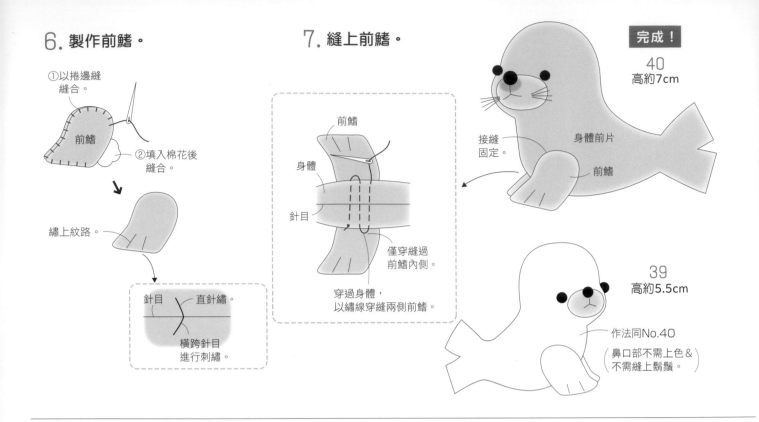

7. 縫上前鰭。

前鰭

身體

針目

僅穿縫過
前鰭內側。

穿過身體,
以繡線穿縫兩側前鰭。

完成!

40
高約7cm

接縫
固定。

身體前片

前鰭

39
高約5.5cm

作法同No.40

(鼻口部不需上色&
 不需縫上鬍鬚。)

P.29　41・42

原寸紙型參見P.88

41 材料

・不織布
　淺咖啡色・・10cm×13cm
　米白色・・3cm×4cm
・香菇釦
　3.5mm(黑色・眼睛用)・・2個
・25號繡線・・與不織布相同顏色
　　　　　　　黑色・咖啡色・水藍色
・手工藝用棉花・・適量

42 材料

・不織布
　咖啡色・・12cm×19cm
　米白色・・3cm×4cm
　白色・・3cm×5cm
・香菇釦
　3.5mm(黑色・眼睛用)・・2個
・25號繡線・・與不織布相同顏色・黑色・水藍色
・手工藝用棉花・・適量

＊取1股與不織布相同顏色的25號繡線進行縫製。

42 作法

1. 縫合身體
　 &填入棉花。

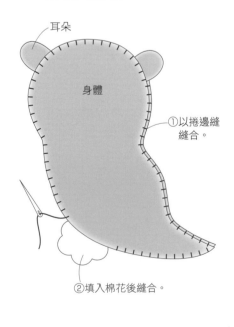

耳朵

身體

①以捲邊縫
　縫合。

②填入棉花後縫合。

2. 縫上鼻口部。

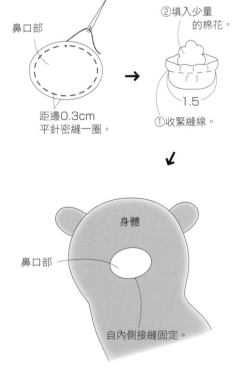

鼻口部

距邊0.3cm
平針密縫一圈。

②填入少量
　的棉花。

1.5

①收緊縫線。

身體

鼻口部

自內側接縫固定。

3. 將鼻口部繡上
鼻子&嘴巴。

繡上厚度。

鼻口部

②繡上嘴巴。

4. 縫上眼睛。

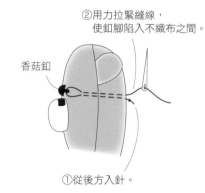

②用力拉緊縫線，
使釦腳陷入不織布之間。

香菇釦

①從後方入針。

5. 製作&縫上貝殼。

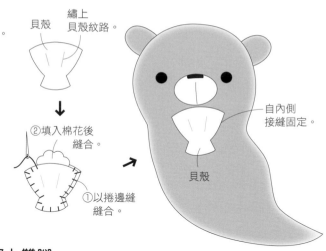

貝殼　　繡上
貝殼紋路。

②填入棉花後
縫合。

①以捲邊縫
縫合。

自內側
接縫固定。

貝殼

6. 製作&縫上雙手。

①以捲邊縫縫合。

手

②填入棉花後
縫合。　　手

自內側接縫固定。

7. 製作&縫上雙腳。

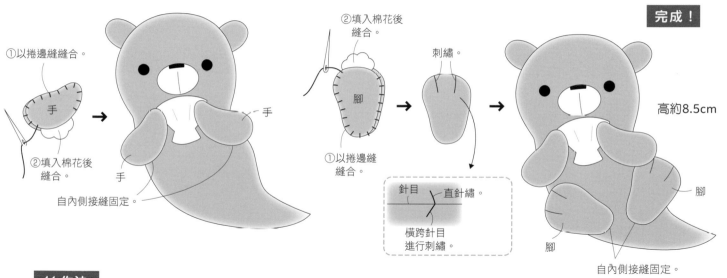

②填入棉花後
縫合。

腳

刺繡。

①以捲邊縫
縫合。

完成！

高約8.5cm

腳

腳

自內側接縫固定。

針目　　直針繡。

橫跨針目
進行刺繡。

---

41 作法

1. 縫合身體
&填入棉花。

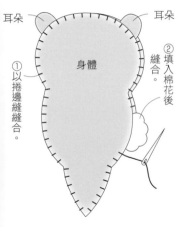

耳朵　　　　耳朵

身體

②填入棉花後縫合。

①以捲邊縫縫合。

2. 縫上鼻口部
&眼睛。

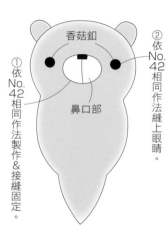

香菇釦

①依No.42相同作法製作&接縫固定。

②依No.42相同作法縫上眼睛。

鼻口部

3. 製作&縫上
貝殼‧雙手。

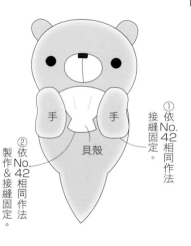

手　　　手

貝殼

②依No.42相同作法製作&接縫固定。

①依No.42相同作法接縫固定。

4. 製作&縫上雙腳。

完成！

高約7.5cm

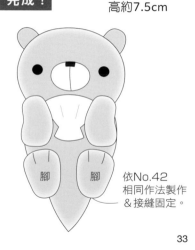

腳　　腳

依No.42相同作法製作&接縫固定。

33

馬卡龍色的小熊們

以包含耳朵、頭、身體、手腳的一片式造型，
製作超簡單的不織布小熊玩偶。
如糖霜餅乾般的馬卡龍顏色真是繽紛又可愛！

43

44

45

46

作法… **P.35**

原寸紙型參見P.89・P.90

43 材料

・不織布
　駝色・・10cm×17cm
・香菇釦
　3.5mm（黑色・眼睛用）・・2個
・25號繡線・・與不織布相同顏色・咖啡色・紅褐色
・手工藝用棉花・・適量

44 材料

・不織布
　淺粉色・・11cm×16cm
・香菇釦
　3.5mm（黑色・眼睛用）・・2個
・25號繡線・・與不織布相同顏色・咖啡色・紅褐色
・手工藝用棉花・・適量

45 材料

・不織布
　水藍色・・11cm×17cm
・香菇釦
　3.5mm（黑色・眼睛用）・・2個
・25號繡線・・與不織布相同顏色・咖啡色・紅褐色
・手工藝用棉花・・適量

46 材料

・不織布
　薄荷綠・・10cm×16cm
・香菇釦
　3.5mm（黑色・眼睛用）・・2個
・25號繡線・・與不織布相同顏色・咖啡色・紅褐色
・手工藝用棉花・・適量

＊取1股與不織布相同顏色的25號繡線進行縫製。

作法

**1. 縫合身體
&填入棉花。**

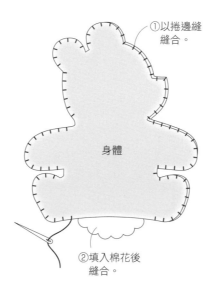

①以捲邊縫
縫合。

身體

②填入棉花後
縫合。

**2. 縫上眼睛，
繡上鼻子&眼睛。**

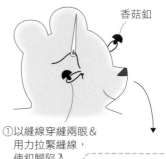

香菇釦

①以縫線穿縫兩眼&
用力拉緊縫線，
使釦腳陷入
不織布之間。

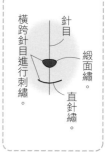

針目

橫跨針目進行刺繡。

緞面繡。

直針繡。

完成！

43
高約8cm

44
高約9.5cm

45
高約9.5cm

46
高約8cm

搖搖擺擺的水母先生

47

48

帶著溫柔的微笑,
心緒平靜溫和的水母先生。
請依喜好更換頭部的顏色,
作出繽紛的水母家族吧!

作法… **P.38**

河豚的瞪眼遊戲

49

50

一邊啪啦啪啦地拍打著尾鰭,
一邊嘟起可愛的小嘴玩著瞪眼遊戲……
到底哪一邊會獲勝呢?

作法… **P.39**

身穿繽紛衣裙的曼波舞者們，
今天也興高采烈地為大家表演著。
至於伴奏音樂⋯⋯
當然是曼波囉！Woo！

51

52

53

曼波舞者們

作法⋯ **P.80**

原寸紙型參見P.89

47 材料
・不織布
　白色・・9cm×14cm
　薄荷綠・・6cm×7cm
・香菇釦
　3.5mm（黑色・眼睛用）・・2個
・25號繡線・・與不織布相同顏色・紅褐色
・粉彩筆・・深粉紅色
・手工藝用棉花・・適量

48 材料
・不織布
　白色・・9cm×14cm
　水藍色・・6cm×7cm
・香菇釦
　3.5mm（黑色・眼睛用）・・2個
・25號繡線・・與不織布相同顏色・紅褐色
・粉彩筆・・深粉紅色
・手工藝用棉花・・適量

＊取1股與不織布相同顏色的25號繡線進行縫製。

作法

1. 繡上嘴巴。

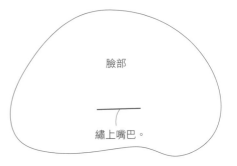

臉部

繡上嘴巴。

2. 縫上頭部。

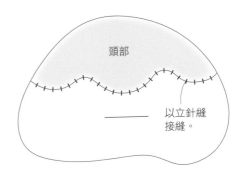

頭部

以立針縫
接縫。

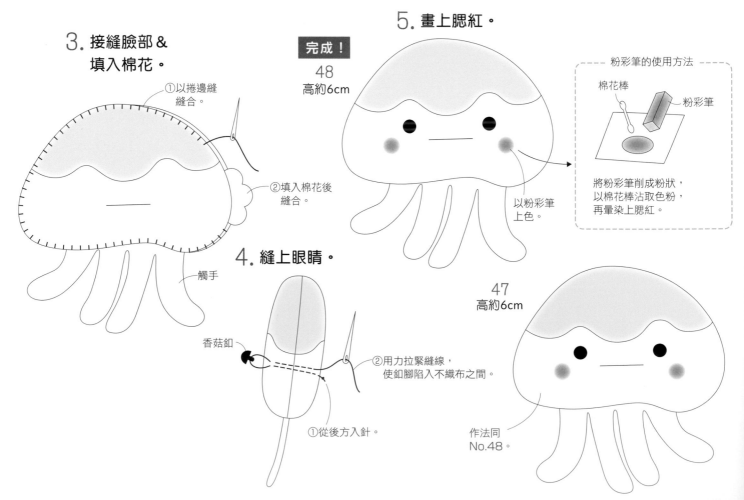

3. 接縫臉部＆
　填入棉花。

①以捲邊縫
　縫合。

②填入棉花後
　縫合。

觸手

5. 畫上腮紅。

完成！

48
高約6cm

以粉彩筆
上色。

粉彩筆的使用方法

棉花棒

粉彩筆

將粉彩筆削成粉狀，
以棉花棒沾取色粉，
再暈染上腮紅。

4. 縫上眼睛。

香菇釦

②用力拉緊縫線，
　使釦腳陷入不織布之間。

①從後方入針。

47
高約6cm

作法同
No.48。

原寸紙型參見P.88

49 材料
・不織布
　黃色‥8cm×8cm
　鵝黃色‥6cm×12cm
　橘色‥2cm×4cm
　白色‥3cm×4cm
・香菇釦
　6mm（黑色・眼睛用）‥2個
・25號繡線‥與不織布相同顏色
・手工藝用棉花‥適量
・木工用白膠

50 材料
・不織布
　藍色‥8cm×8cm
　水藍色‥6cm×12cm
　白色‥4cm×03cm
・香菇釦
　6mm（黑色・眼睛用）‥2個
・25號繡線‥與不織布相同顏色
・手工藝用棉花‥適量
・木工用白膠

＊取1股與不織布相同顏色的25號繡線進行縫製。

作法

1. 貼上斑紋。

以白膠將斑紋貼在身體上。

身體

2. 縫合身體＆肚子。

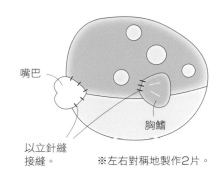

以立針縫接縫。

身體

肚子

3. 在胸鰭上繡上紋路。

胸鰭

繡上紋路。

4. 縫上嘴巴＆胸鰭。

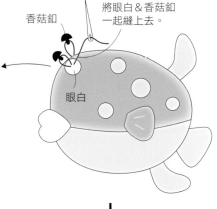

嘴巴

以立針縫接縫。

胸鰭

※左右對稱地製作2片。

5. 縫合身體＆填入棉花。

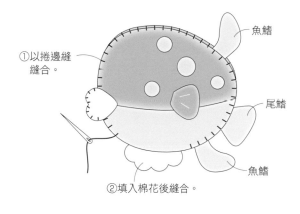

①以捲邊縫縫合。

魚鰭

尾鰭

魚鰭

②填入棉花後縫合。

49
高約6cm

作法同No.50。

6. 縫上眼睛。

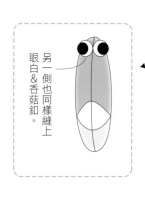

另一側也同樣縫上眼白＆香菇釦。

香菇釦

將眼白＆香菇釦一起縫上去。

眼白

↓

完成！

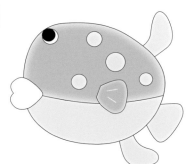

50
高約6cm

一起小跑步前進的企鵝先生們，
目標──往前衝向大海！
要好好地排成一直線往前進喔！

54

55

56

企鵝先生的遊行

作法… P.42

海豚的雜技秀

57

58

跳得高高的，再來個繞圈圈——
擅長跳躍的海豚雜技秀要開始囉！

作法… P.43

原寸紙型參見P.90

54 材料
・不織布
　水藍色‥11cm×12cm
　白色‥6cm×4cm
　黃色‥3cm×5cm
・香菇釦
　3.5mm（黑色・眼睛用）‥2個
・25號繡線‥與不織布相同顏色・紅褐色
・手工藝用棉花‥適量

55 材料
・不織布
　黑色‥11cm×12cm
　白色‥6cm×4cm
　黃色‥3cm×5cm
・香菇釦
　3.5mm（黑色・眼睛用）‥2個
　3.25號繡線‥與不織布相同顏色・紅褐色
・手工藝用棉花‥適量

56 材料
・不織布
　藍色‥11cm×12cm
　白色‥6cm×4cm
　黃色‥3cm×5cm
・香菇釦
　3.5mm（黑色・眼睛用）‥2個
・25號繡線‥與不織布相同顏色・紅褐色
・手工藝用棉花‥適量

＊取1股與不織布相同顏色的25號繡線進行縫製。

作法

1. 縫上腹部。
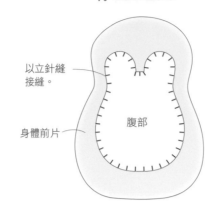
以立針縫接縫。身體前片　腹部

2. 貼上鳥喙。
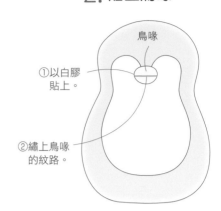
鳥喙　①以白膠貼上。②繡上鳥喙的紋路。

3. 縫合身體＆填入棉花。
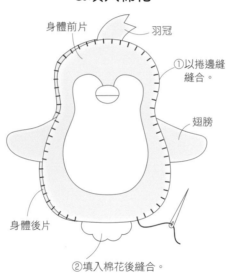
身體前片　羽冠　①以捲邊縫縫合。翅膀　身體後片　②填入棉花後縫合。

4. 縫上雙腳。
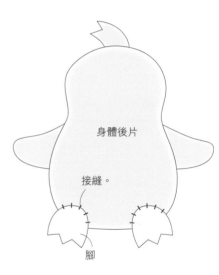
身體後片　接縫。腳

5. 縫上眼睛。
香菇釦　②用力拉緊縫線，使釦腳陷入不織布之間。①從後方入針。

完成！
54　高約8.5cm

55　高約8.5cm

56　高約8.5cm
作法同No.54。

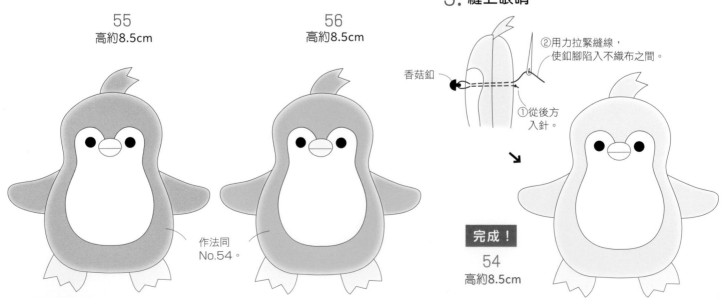

原寸紙型參見P.90

57 材料

- 不織布
  天藍色‧‧17cm×10cm
  白色‧‧6cm×6cm
- 香菇釦
  6mm（黑色‧眼睛用）‧‧2個
- 25號繡線‧‧與不織布相同顏色
- 手工藝用棉花‧‧適量

58 材料

- 不織布
  藍色‧‧17cm×10cm
  白色‧‧6cm×6cm
- 香菇釦
  6mm（黑色‧眼睛用）‧‧2個
- 25號繡線‧‧與不織布相同顏色
- 手工藝用棉花‧‧適量

＊取1股與不織布相同顏色的25號繡線進行縫製。

作法

1. 將腹部接縫於身體上。

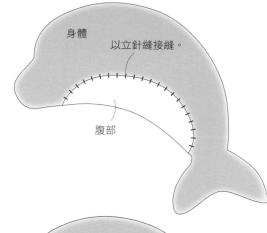

2. 縫上胸鰭。

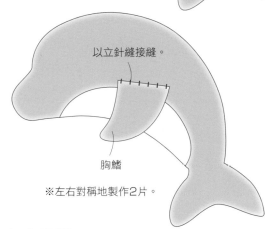

※左右對稱地製作2片。

3. 縫合身體 &填入棉花。

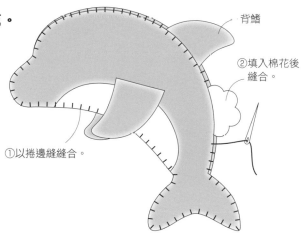

4. 縫上眼睛 &繡上嘴巴。

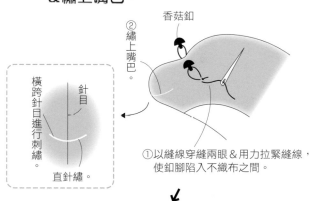

57
高約7.5cm

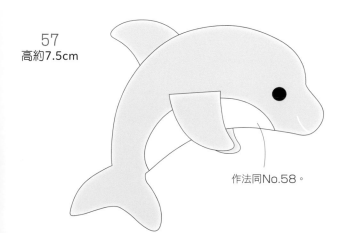

作法同No.58。

完成！

58
高約7.5cm

愛說話的鸚鵡

愛說話的鸚鵡們聚集在一起，
熱熱鬧鬧的好不快樂阿！

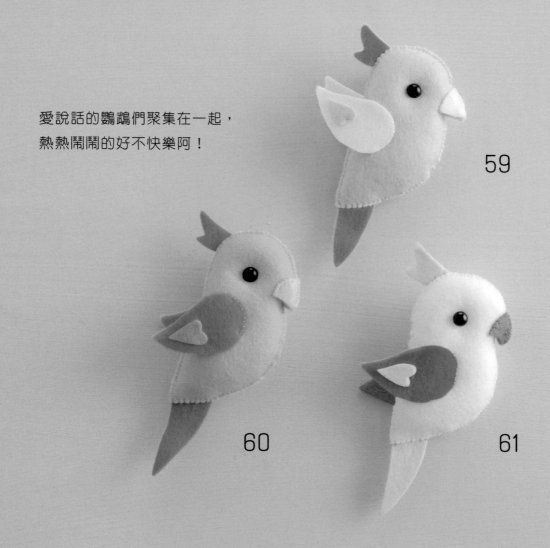

59

60

61

作法… P.46

貓頭鷹的催眠曲

62

63

64

夜晚的森林裡傳來悅耳動聽的
貓頭鷹催眠曲，
溫柔地守護著森林裡的動物們。

作法… **P.47**

原寸紙型參見P.90

59 材料
・不織布
　黃色・・10cm×10cm
　白色・・5cm×8cm
　綠松色・・5cm×5cm
・香菇釦
　5mm（黑色・眼睛用）・・2個
・25號繡線・・與不織布相同顏色
・手工藝用棉花・・適量
・木工用白膠

60 材料
・不織布
　薄荷綠・・10cm×10cm
　綠松色・・5cm×6cm
　黃色・・2cm×4cm
　水藍色・・2cm×3cm
　天藍色・・5cm×5cm
・香菇釦
　5mm（黑色・眼睛用）・・2個
・25號繡線・・與不織布相同顏色
・手工藝用棉花・・適量
・木工用白膠

61 材料
・不織布
　白色・・10cm×10cm
　天藍色・・5cm×6cm
　黃色・・5cm×5cm
　深灰色・・2cm×4cm
・香菇釦
　5mm（黑色・眼睛用）・・2個
・25號繡線・・與不織布相同顏色
・手工藝用棉花・・適量
・木工用白膠

＊取1股與不織布相同顏色的25號繡線進行縫製。

作法

1. 縫合身體＆填入棉花。　　　　2. 縫上眼睛。

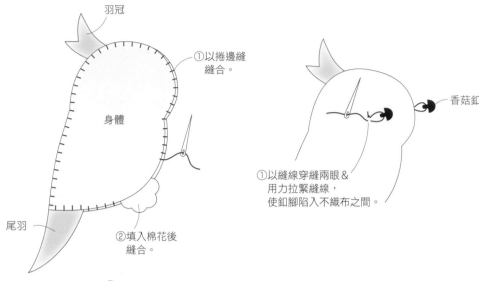

羽冠
①以捲邊縫縫合。
身體
②填入棉花後縫合。
尾羽

①以縫線穿縫兩眼＆
用力拉緊縫線，
使釦腳陷入不織布之間。
香菇釦

3. 縫上鳥喙。

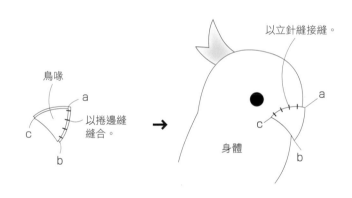

以立針縫接縫。
鳥喙
a
以捲邊縫縫合。
c
b
身體
a
c
b

完成！

4. 縫上翅膀。

花紋
翅膀
以白膠貼上。
※左右對稱地製作2片。

身體後片也接縫上
另一片翅膀。
以立針縫接縫。

59
高約10cm

60
高約10cm

61
高約10cm

作法同No.59。

原寸紙型參見P.91

62 材料

・不織布
　霜降灰・・13cm×13cm
　白色・・3cm×4cm
　水藍色・・1cm×2cm
　咖啡色・・1cm×2cm
・香菇釦
　6mm（黑色・眼睛用）・・2個
・25號繡線・・與不織布相同顏色
・手工藝用棉花・・適量
・木工用白膠

63 材料

・不織布
　白色・・13cm×13cm
　水藍色・・3cm×6cm
　咖啡色・・1cm×1cm
・香菇釦
　6mm（黑色・眼睛用）・・2個
・25號繡線・・與不織布相同顏色
・手工藝用棉花・・適量
・木工用白膠

64 材料

・不織布
　淺咖啡色・・13cm×13cm
　白色・・3cm×4cm
　咖啡色・・2cm×3cm
　水藍色・・1cm×2cm
・香菇釦
　6mm（黑色・眼睛用）・・2個
・25號繡線・・與不織布相同顏色
・手工藝用棉花・・適量
・木工用白膠

＊取1股與不織布相同顏色的25號繡線進行縫製。
＊No.62的霜降灰不織布處以淺灰色的25號繡線
　進行縫製。

作法

1. 縫上臉部。

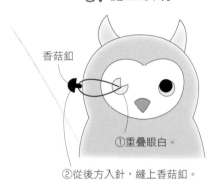

臉部
鳥喙
②以立針縫接縫。
①以白膠貼上。
身體前片

2. 縫合身體＆填入棉花。

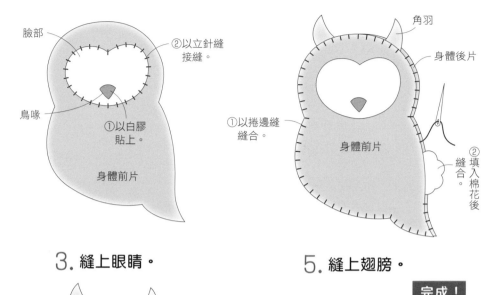

角羽
身體後片
①以捲邊縫縫合。
身體前片
②填入棉花後縫合。

3. 縫上眼睛。

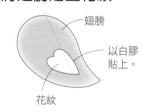

香菇釦
①重疊眼白。
②從後方入針，縫上香菇釦。

4. 將翅膀貼上花紋。

翅膀
以白膠貼上。
花紋

5. 縫上翅膀。

完成！

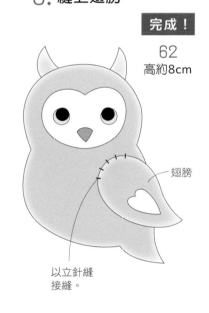

62
高約8cm
翅膀
以立針縫接縫。

63
高約7.5cm

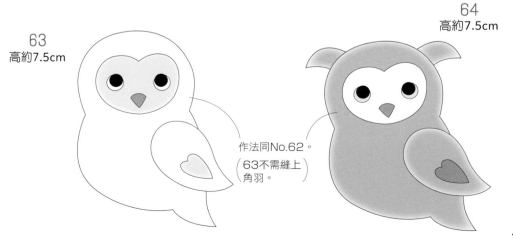

64
高約7.5cm

作法同No.62。
（63不需縫上角羽。）

溫馨的兔子一家

兔爸爸＆兔媽媽
一起溫柔地守護著雙胞胎兔寶寶。
和樂融融的兔子家庭，
光是看著就讓人覺得療癒呢！

65

66

67

68

作法… **P.50**

豬先生一家的假日

69

70

71

72

作法… P.77

假日時，感情很好的豬先生一家，
就會帶著最喜歡外出玩耍的雙胞胎豬寶寶
一起開心地散步去！

原寸紙型參見P.91

65 材料
- 不織布
  霜降灰‧‧13cm×15cm
  深咖啡色‧‧7cm×9cm
- 4mm日本珠(黑色‧眼睛用)‧‧2個
- 胖水滴珠
  外徑3mm(白色‧鈕釦用)‧‧2個
- 25號繡線‧‧與不織布相同顏色
- 手工藝用棉花‧‧適量

66 材料
- 不織布
  白色‧‧13cm×15cm
  粉紅色‧‧5cm×7cm
- 4mm日本珠(黑色‧眼睛用)‧‧2個
- 胖水滴珠
  外徑3mm(白色‧鈕釦用)‧‧2個
- 25號繡線‧‧與不織布相同顏色‧深咖啡色
- 手工藝用棉花‧‧適量

67 材料
- 不織布
  白色‧‧10cm×12cm
  淺粉色‧‧3cm×3cm
- 3mm日本珠(黑色‧眼睛用)‧‧2個
- 25號繡線‧‧與不織布相同顏色‧深咖啡色
- 手工藝用棉花‧‧適量

68 材料
- 不織布
  霜降灰‧‧10cm×12cm
  白色‧‧3cm×3cm
  水藍色‧‧1.5cm×2cm
- 3mm日本珠(黑色‧眼睛用)‧‧2個
- 25號繡線‧‧與不織布相同顏色‧深咖啡色
- 手工藝用棉花‧‧適量

＊取1股與不織布相同顏色的25號繡線進行縫製。

65 作法

1. 繡上鼻子。

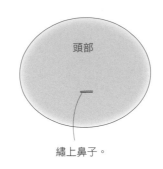

繡上鼻子。

2. 縫合頭部 ＆填入棉花。

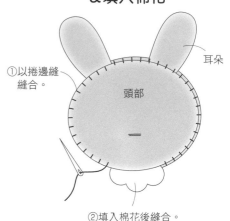

①以捲邊縫縫合。

耳朵

頭部

②填入棉花後縫合。

3. 縫上眼睛。

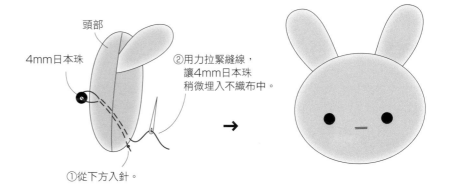

頭部

4mm日本珠

②用力拉緊縫線，
讓4mm日本珠
稍微埋入不織布中。

①從下方入針。

4. 縫合身體＆填入棉花。

②填入棉花後
縫合。

身體

①以捲邊縫縫合。

5. 接縫頭部＆身體。

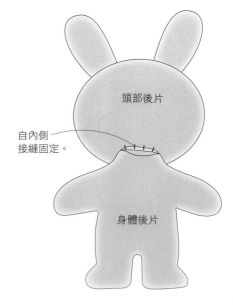

頭部後片

自內側
接縫固定。

身體後片

6. 製作＆穿上背心。

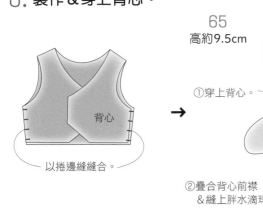

背心

以捲邊縫縫合。

完成！

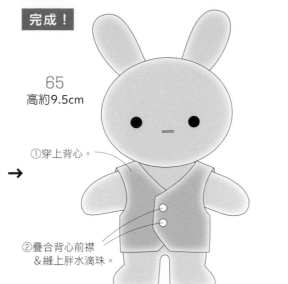

65
高約9.5cm

①穿上背心。

②疊合背心前襟
＆縫上胖水滴珠。

1. 繡上鼻子。

頭部

繡上鼻子。

2. 縫合頭部＆填入棉花。

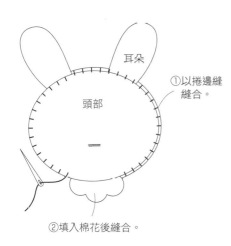

耳朵

頭部

①以捲邊縫
縫合。

②填入棉花後縫合。

3. 縫上眼睛。

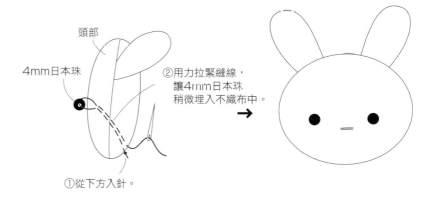

頭部

4mm日本珠

②用力拉緊縫線，
讓4mm日本珠
稍微埋入不織布中。

①從下方入針。

4. 縫合身體＆填入棉花。

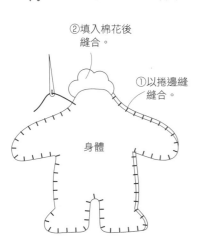

②填入棉花後
縫合。

①以捲邊縫
縫合。

身體

5. 接縫頭部＆身體。

頭部後片

自內側接縫固定。

身體後片

6. 圍上圍巾。

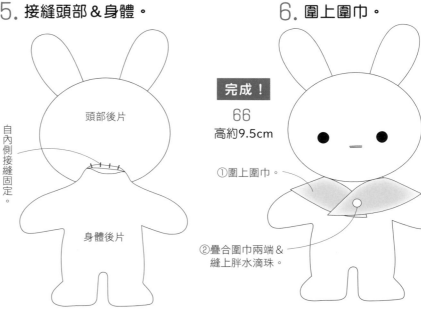

完成！

66
高約9.5cm

①圍上圍巾。

②疊合圍巾兩端＆
縫上胖水滴珠。

1. 繡上鼻子。

頭部

繡上鼻子。

2. 縫合頭部＆填入棉花。

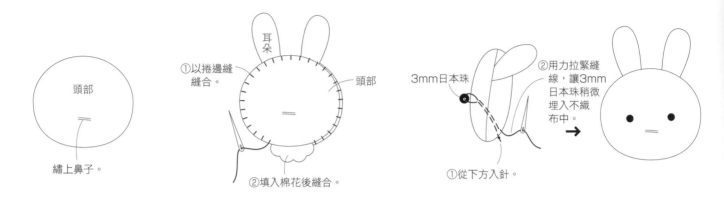

①以捲邊縫縫合。

耳朵

頭部

②填入棉花後縫合。

3. 縫上眼睛。

3mm日本珠

②用力拉緊縫線，讓3mm日本珠稍微埋入不織布中。

①從下方入針。

4. 縫合身體＆填入棉花。

②填入棉花後縫合。

①以捲邊縫縫合。

身體

5. 接縫頭部＆身體。

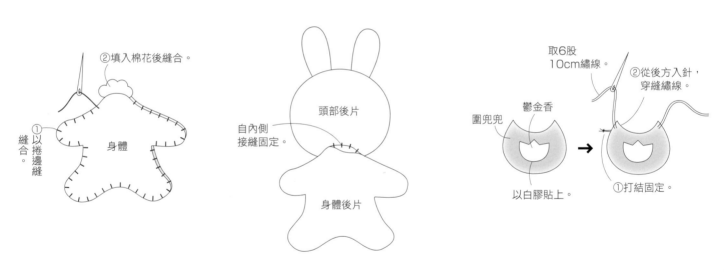

頭部後片

自內側接縫固定。

身體後片

6. 製作圍兜兜。

取6股10cm繡線。

②從後方入針，穿縫繡線。

鬱金香

圍兜兜

以白膠貼上。

①打結固定。

7. 繫上圍兜兜。

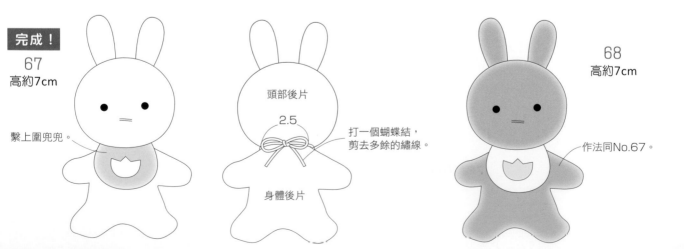

完成！

67
高約7cm

繫上圍兜兜。

頭部後片

2.5

打一個蝴蝶結，剪去多餘的繡線。

身體後片

68
高約7cm

作法同No.67。

原寸紙型參見P.81

7 材料
・不織布
　淺咖啡色‥11cm×16cm
・香菇釦
　5mm（黑色・眼睛用）‥2個
　3.5mm（黑色・鼻子用）‥1個
・25號繡線‥與不織布相同顏色
・粉彩筆‥咖啡色
・手工藝用棉花‥適量

8 材料
・不織布
　灰綠色‥11cm×16cm
・香菇釦
　5mm（黑色・眼睛用）‥2個
　3.5mm（黑色・鼻子用）‥1個
・25號繡線‥與不織布相同顏色
・粉彩筆‥咖啡色
・手工藝用棉花‥適量

＊取1股與不織布相同顏色的
　25號繡線進行縫製。

作法

1. 摺製耳朵。

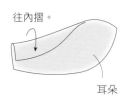

往內摺。

耳朵

※左右對稱地製作2片。

2. 縫合頭部＆填入棉花。

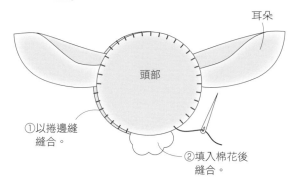

耳朵

頭部

①以捲邊縫
　縫合。

②填入棉花後
　縫合。

3. 縫上眼睛＆鼻子。

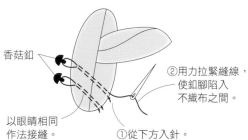

香菇釦

以眼睛相同
作法接縫。

②用力拉緊縫線，
　使釦腳陷入
　不織布之間。

①從下方入針。

4. 縫合身體
　　＆填入棉花。

②填入棉花後
　縫合。

身體

①以捲邊縫
　縫合。

5. 製作尾巴。

①以捲邊縫
　縫合。

尾巴

②填入棉花後
　縫合。

以粉彩筆
上色。

粉彩筆的使用方法

棉花棒

粉彩筆

將粉彩筆削成粉狀，
以棉花棒沾取色粉，
再暈染上斑紋。

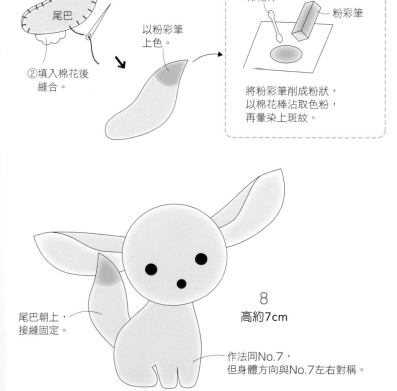

尾巴朝上，
接縫固定。

8
高約7cm

作法同No.7，
但身體方向與No.7左右對稱。

6. 接縫頭部・身體・尾巴。

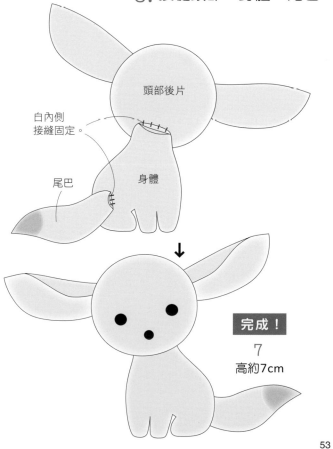

頭部後片

白內側
接縫固定。

尾巴

身體

完成！

7
高約7cm

73

74

總是大排長龍，
在街坊中非常受歡迎的甜甜圈店。
可愛的店員站在門口歡迎您的到來。

可愛的甜甜圈店

作法… **P.56**

好吃的甜甜圈

店裡擺滿了看起來好好吃的甜甜圈阿！
嗯……要選哪一個呢？
真是讓人猶豫不決呢！

75

76

77

78

作法… **P.56**

原寸紙型參見P.92

73 材料
・不織布
　膚色‥14cm×18cm
　天藍色‥8cm×16cm
　白色‥6cm×9cm
　紅褐色‥8cm×8cm
・4mm日本珠（黑色・眼睛用）‥2個
・油珠
　直徑2.5mm（鈕釦用）‥2個
・粉彩筆‥粉紅色
・25號繡線‥與不織布相同顏色
・手工藝用棉花‥適量

74 材料
・不織布
　膚色‥14cm×18cm
　粉紅色‥8cm×16cm
　白色‥6cm×9cm
　紅褐色‥8cm×8cm
・4mm日本珠（黑色・眼睛用）‥2個
・油珠
　直徑2.5mm（鈕釦用）‥2個
・粉彩筆‥粉紅色
・25號繡線‥與不織布相同顏色
・手工藝用棉花‥適量

75 材料
・不織布
　白色‥7cm×14cm
　淺粉色‥6cm×6cm
・手工藝用棉花‥適量

76 材料
・不織布
　黑褐色‥7cm×14cm
・管珠
　長4mm（銀色）‥9個
・3mm日本珠（紅色）‥8個
・25號繡線‥與不織布相同顏色
・手工藝用棉花‥適量

77 材料
・不織布
　咖啡色‥7cm×14cm
　深咖啡色‥3cm×4cm
・管珠
　長4mm（銀色）‥9個
・手工藝用棉花‥適量
・木工用白膠

78 材料
・不織布
　紅褐色‥7cm×14cm
　白色‥6cm×6cm
・25號繡線‥與不織布相同顏色
・手工藝用棉花‥適量

＊取1股與不織布相同顏色的25號繡線進行縫製。

73 作法

1. 縫合頭部 ＆填入棉花。

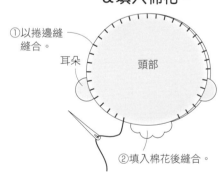

①以捲邊縫縫合。
耳朵
頭部
②填入棉花後縫合。

2. 縫上眼睛。

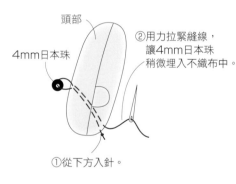

頭部
4mm日本珠
②用力拉緊縫線，讓4mm日本珠稍微埋入不織布中。
①從下方入針。

3. 製作臉部。

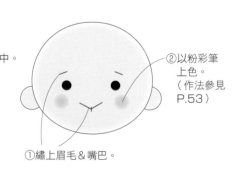

②以粉彩筆上色。（作法參見P.53）
①繡上眉毛＆嘴巴。

4. 縫合頭髮。

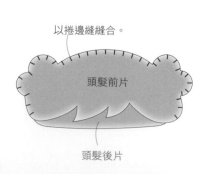

以捲邊縫縫合。
頭髮前片
頭髮後片

5. 將頭髮接縫於頭部。

②填入少量棉花。
③以立針縫接縫。
①戴上頭髮。
頭部

頭髮後片
以立針縫固定數個地方。

6. 縫上髮飾。

以立針縫固定。
髮飾

7. 縫合身體＆填入棉花。

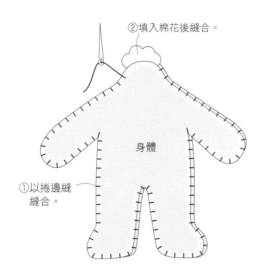

②填入棉花後縫合。
身體
①以捲邊縫縫合。

8. 縫合洋裝。

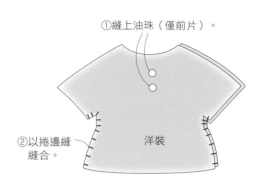

①縫上油珠（僅前片）。
②以捲邊縫縫合。
洋裝

9. 穿上洋裝。

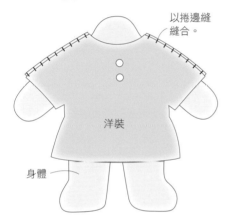

以捲邊縫縫合。
洋裝
身體

10. 製作圍裙。

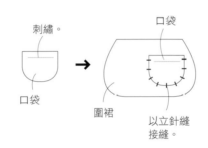

刺繡。
口袋
口袋
圍裙
以立針縫接縫。

11. 縫上圍裙。

以立針縫將圍裙接縫固定於洋裝＆身體上。
圍裙

12. 接縫頭部＆身體。

頭部後片
自內側接縫固定。
身體後片

13. 縫上衣領。

接續P.58

衣領
①將衣領重疊於頸部周圍，以立針縫固定兩端。
②將人偶轉至後側，以立針縫固定衣領兩端。
頭部後片
衣領

完成！

73

高約11.5cm

14. 製作＆穿上鞋子。

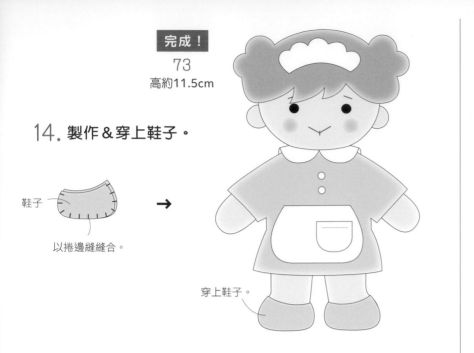

鞋子

以捲邊縫縫合。 →

穿上鞋子。

74 作法

1. 製作頭部。

作法同No.73。

4. 製作＆穿上洋裝・圍裙後，
再接縫身體＆頭部。

2. 縫合頭髮。

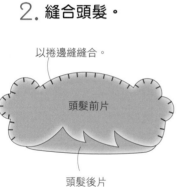

以捲邊縫縫合。

頭髮前片

頭髮後片

3. 將頭髮＆髮飾
接縫於頭部。

以No.73相同作法，
將頭髮＆髮飾接縫於頭部。

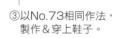

②以No.73
相同作法，
接縫身體
＆頭部。

①以No.73相同作法，
將洋裝＆圍裙
穿在身體上。

完成！

74

高約11.5cm

③以No.73相同作法，
製作＆穿上鞋子。

75・78 作法

1. 縫上巧克力醬。

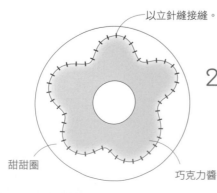

以立針縫接縫。

甜甜圈

巧克力醬

2. 縫合甜甜圈
的內圈。

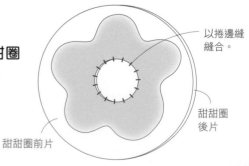

以捲邊縫
縫合。

甜甜圈前片

甜甜圈
後片

1. 縫合甜甜圈的內圈。

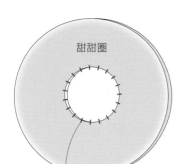

甜甜圈

以捲邊縫縫合。

2. 縫合外圈＆填入棉花。

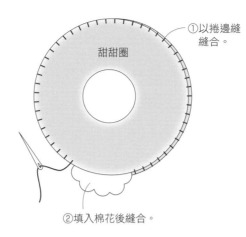

①以捲邊縫
縫合。

甜甜圈

②填入棉花後縫合。

3. 貼上巧克力。

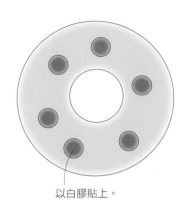

以白膠貼上。

4. 縫上珠子。

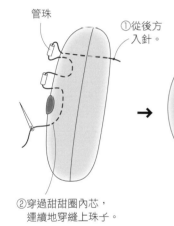

管珠

①從後方
入針。

②穿過甜甜圈內芯，
連續地穿縫上珠子。

完成！

77
高約5.5cm

①以No.77相同作法
製作甜甜圈。

3mm日本珠

②從後方
入針。

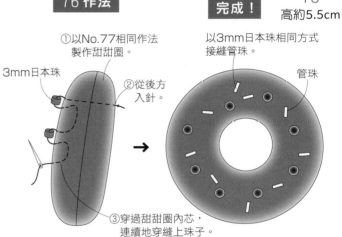

③穿過甜甜圈內芯，
連續地穿縫上珠子。

完成！

76
高約5.5cm

以3mm日本珠相同方式
接縫管珠。

管珠

3. 縫合外圈＆填入棉花。

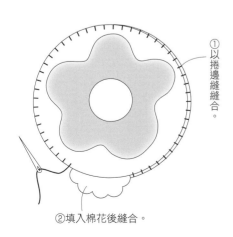

①以捲邊縫縫合。

②填入棉花後縫合。

完成！

75
高約5.5cm

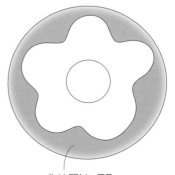

78
高約5.5cm

作法同No.75。

女孩的故事 1

79

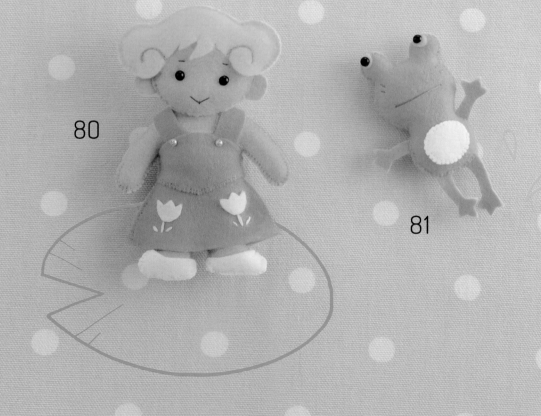

80

81

♡ 拇指姑娘

受到好多好多昆蟲＆動物們幫助，
最後和妖精國的王子過著幸福生活的
小小公主的故事。

作法12 ··· P.62

女孩的故事 2

♠ 愛麗絲夢遊仙境

在仙境裡迷路的愛麗絲展開大冒險，
遇見了不可思議的貓、在城堡內被撲克牌士兵追趕……
呼，還好這一切都只是夢境！

84

82

83

作法… P.66

原寸紙型參見P.93

79 材料
・不織布
　黃色・・6cm×7cm
　膚色・・5cm×4cm
　水藍色・・2cm×3cm
　白色・・5cm×7cm
・3mm日本珠（黑色・眼睛用）・・2個
・25號繡線・・與不織布相同顏色・紅褐色
・手工藝用棉花・・適量
・木工用白膠

80 材料
・不織布
　膚色・・14cm×18cm
　淺黃色・・9cm×8cm
　水藍色・・10cm×15cm
　白色・・5cm×6cm
・香菇釦
　3.5mm（黑色・眼睛用）・・2個
・油珠
　直徑2.5mm（鈕釦用）・・2個
・25號繡線・・與不織布相同顏色・紅褐色・濃黃色
・手工藝用棉花・・適量

81 材料
・不織布
　黃綠色・・13cm×9cm
　白色・・4cm×3cm
・香菇釦
　3.5mm（黑色・眼睛用）・・2個
・25號繡線・・與不織布相同顏色・橘色
・手工藝用棉花・・適量

＊取1股與不織布相同顏色的25號繡線進行縫製。

80 作法

1. 縫合頭部＆填入棉花。

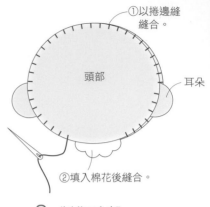

①以捲邊縫縫合。
頭部
耳朵
②填入棉花後縫合。

2. 縫上眼睛。

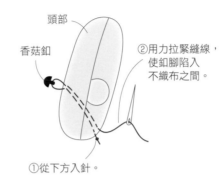

頭部
香菇釦
②用力拉緊縫線，使釦腳陷入不織布之間。
①從下方入針。

3. 製作臉部。

①繡上眉毛＆嘴巴。

4. 縫合頭髮。

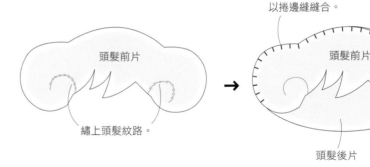

頭髮前片
繡上頭髮紋路。
→
以捲邊縫縫合。
頭髮前片
頭髮後片

5. 將頭髮接縫於頭部。

①填入少量棉花。
②戴上頭髮。
頭部

→
以立針縫固定。
頭髮前片

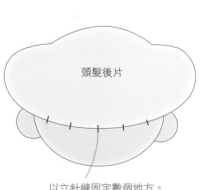

頭髮後片
以立針縫固定數個地方。

6. 縫合身體＆填入棉花。

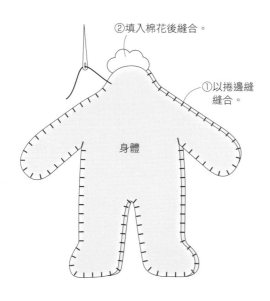

②填入棉花後縫合。

①以捲邊縫縫合。

身體

7. 將裙子貼上鬱金香。

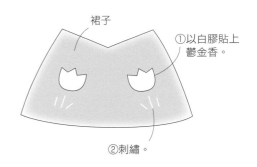

裙子

①以白膠貼上鬱金香。

②刺繡。

8. 縫合衣身＆裙子。

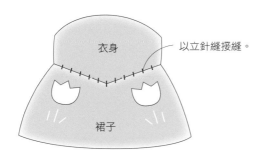

衣身

以立針縫接縫。

裙子

9. 縫合洋裝前片＆後片。

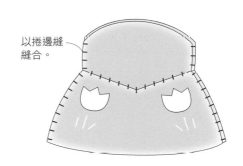

以捲邊縫縫合。

10. 穿上洋裝＆縫上吊帶。

吊帶

①將身體放入洋裝中。

②將吊帶放入洋裝中，再以油珠接縫固定於洋裝上。接縫時除了洋裝＆吊帶之外，連身體也一起接縫固定。

洋裝

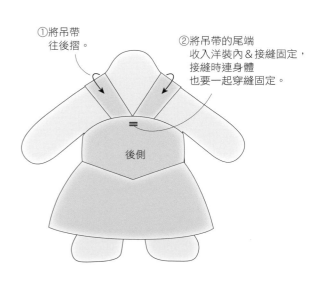

①將吊帶往後摺。

②將吊帶的尾端收入洋裝內＆接縫固定，接縫時連身體也要一起穿縫固定。

後側

接續P.64

11. 接縫頭部&身體。

頭部後片

身體後片

自內側
接縫固定。

12. 製作&穿上鞋子。

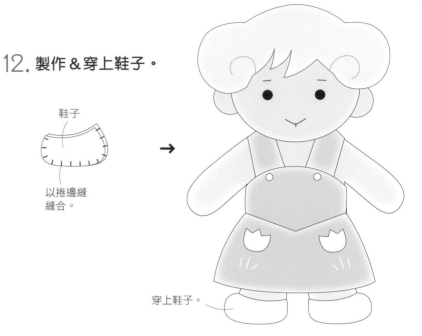

鞋子

以捲邊縫
縫合。

→

穿上鞋子。

---

79 作法

1. 縫合頭部&臉部。

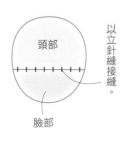

頭部

臉部

以立針縫接縫。

2. 縫合頭部
&填入棉花。

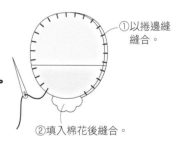

①以捲邊縫
縫合。

②填入棉花後縫合。

---

3. 縫上眼睛。

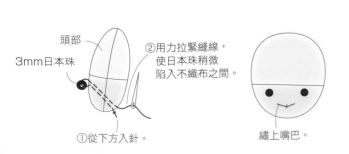

頭部

3mm日本珠

②用力拉緊縫線，
使日本珠稍微
陷入不織布之間。

①從下方入針。

4. 繡上嘴巴。

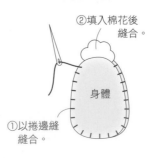

繡上嘴巴。

5. 縫合身體
&填入棉花。

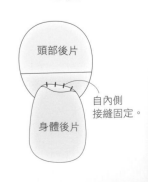

②填入棉花後
縫合。

身體

①以捲邊縫
縫合。

6. 接縫頭部
&身體。

頭部後片

身體後片

自內側
接縫固定。

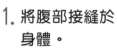

1. 將腹部接縫於身體。

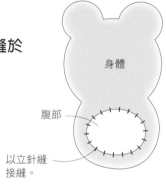

身體

腹部

以立針縫接縫。

2. 縫合身體 & 填入棉花。

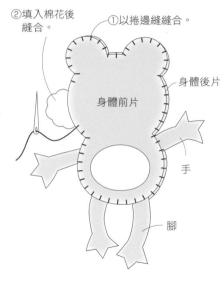

②填入棉花後縫合。

①以捲邊縫縫合。

身體前片

身體後片

手

腳

3. 縫上眼睛。

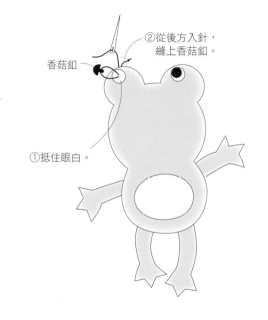

②從後方入針，縫上香菇釦。

香菇釦

①抵住眼白。

4. 繡上臉部表情 & 嘴巴。

刺繡。

完成！

81
高約8.5cm

7. 將翅膀貼上斑紋。

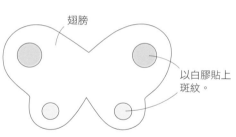

翅膀

以白膠貼上斑紋。

8. 將翅膀接縫於身體。

完成！

79
高約5.5cm

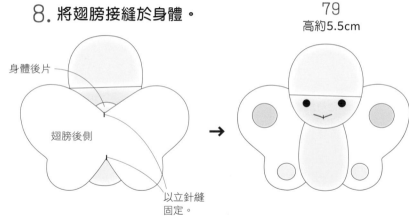

身體後片

翅膀後側

以立針縫固定。

原寸紙型參見P.93・P.94

82 材料

· 不織布
　白色・・6cm×10cm
　紅色・・7cm×9cm
　膚色・・4cm×8cm
· 3mm日本珠（黑色・眼睛用）・・2個
· 造型鐵絲
　粗0.9mm（黑色）・・20cm
· 25號繡線・・與不織布相同顏色・黑色・紅褐色
· 手工藝用棉花・・適量

83 材料

· 不織布
　膚色・・14cm×18cm
　粉紅色・・9cm×16cm
　白色・・9cm×16cm
　咖啡色・・6cm×13cm
　深咖啡色・・3cm×6cm
· 香菇釦
　3.5mm（黑色・眼睛用）・・2個
· 25號繡線・・與不織布相同顏色・紅褐色
· 手工藝用棉花・・適量

84 材料

· 不織布
　黃色・・12cm×13cm
　白色・・3cm×4cm
· 香菇釦
　3.5mm（黑色・眼睛用）・・2個
· 25號繡線・・與不織布相同顏色・黑色
· 手工藝用棉花・・適量

＊取1股與不織布相同顏色的25號繡線進行縫製。

---

83 作法

1. 縫合頭部
　＆填入棉花。

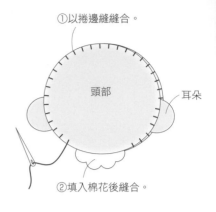

①以捲邊縫縫合。
頭部
耳朵
②填入棉花後縫合。

2. 縫上眼睛。

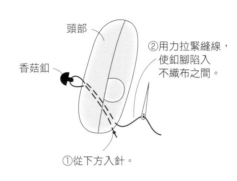

頭部
香菇釦
②用力拉緊縫線，使釦腳陷入不織布之間。
①從下方入針。

3. 繡上眉毛＆嘴巴。

①繡上眉毛＆嘴巴。

4. 縫合頭髮。

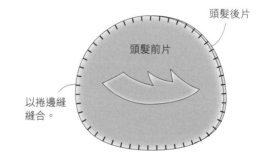

頭髮後片
頭髮前片
以捲邊縫縫合。

5. 填入棉花。

填入少量棉花。

6. 將頭髮接縫於頭部。

②以立針縫固定。
①將頭部放入頭髮中。

7. 縫合身體＆填入棉花。

8. 縫合＆穿上洋裝。

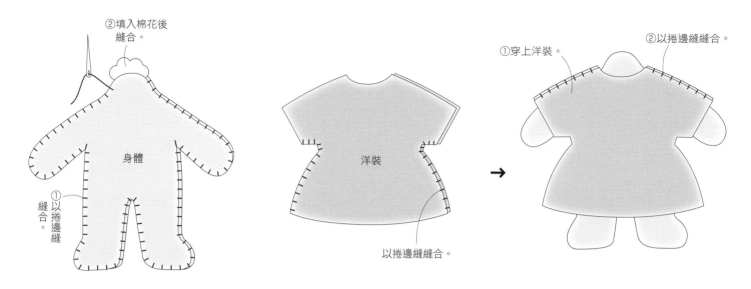

②填入棉花後縫合。

①以捲邊縫縫合。

身體

①穿上洋裝。

②以捲邊縫縫合。

洋裝

以捲邊縫縫合。

9. 將口袋繡上花紋後，接縫於圍裙上。

10. 縫合圍裙。

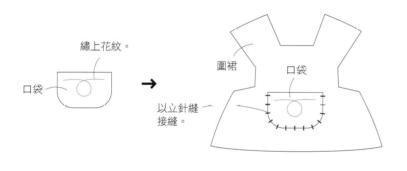

繡上花紋。

口袋

圍裙

口袋

以立針縫接縫。

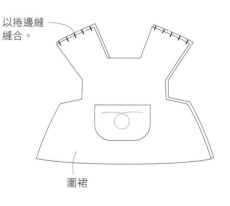

以捲邊縫縫合。

圍裙

11. 穿上圍裙。

12. 接縫頭部＆身體。

接續P.68。

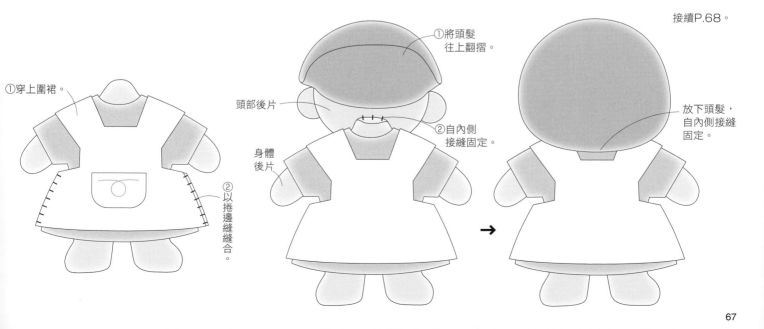

①穿上圍裙。

②以捲邊縫縫合。

①將頭髮往上翻摺。

頭部後片

②自內側接縫固定。

身體後片

放下頭髮，自內側接縫固定。

13. 縫合鞋子。

鞋子

以捲邊縫縫合。

14. 製作蝴蝶結。

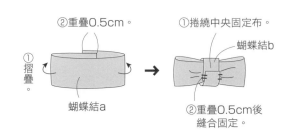

②重疊0.5cm。

①摺疊。

蝴蝶結a

①捲繞中央固定布。

蝴蝶結b

②重疊0.5cm後縫合固定。

15. 縫上蝴蝶結 & 穿上鞋子。

蝴蝶結

①自內側接縫固定。

完成！

83
高約12cm

②穿上鞋子。

82 作法

1. 縫合頭部 & 填入棉花。

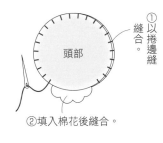

①以捲邊縫縫合。

頭部

②填入棉花後縫合。

2. 縫上眼睛。

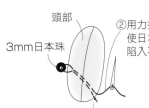

頭部

3mm日本珠

②用力拉緊縫線，使日本珠稍微陷入不織布之間。

①從下方入針。

3. 繡上嘴巴。

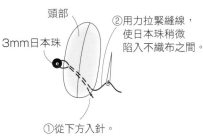

繡上嘴巴。

4. 縫合帽子。

以捲邊縫縫合。

帽子

5. 將帽子戴在頭上。

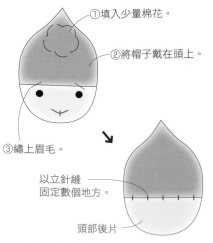

①填入少量棉花。

②將帽子戴在頭上。

③繡上眉毛。

以立針縫固定數個地方。

頭部後片

6. 貼上愛心。

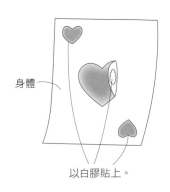

身體

以白膠貼上。

7. 包夾鐵絲，縫合身體 & 填入棉花。

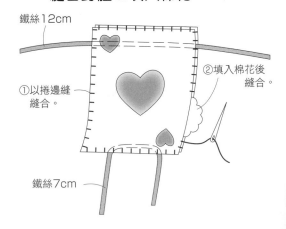

鐵絲12cm

①以捲邊縫縫合。

②填入棉花後縫合。

鐵絲7cm

1. 繡上牙齒的紋路。

牙齒

繡上牙齒的紋路。

2. 疊放牙齒
   &繡上鼻子。

頭部前片
②繡上鼻子。
①將牙齒疊在後方。

3. 縫合頭部&填入棉花。

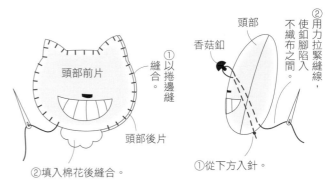

頭部前片
①以捲邊縫縫合。
頭部後片
②填入棉花後縫合。

頭部
香菇釦
②用力拉緊縫線，使釦腳陷入不織布之間。
①從下方入針。

5. 縫合身體
   &填入棉花。

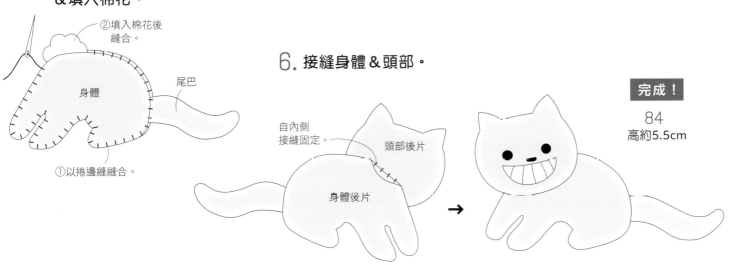

②填入棉花後縫合。
身體
尾巴
①以捲邊縫縫合。

6. 接縫身體&頭部。

自內側接縫固定。
頭部後片
身體後片

→

完成！
84
高約5.5cm

8. 將鐵絲前端摺彎。

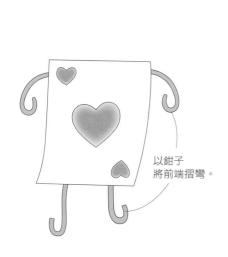

以鉗子將前端摺彎。

9. 接縫頭部&身體。

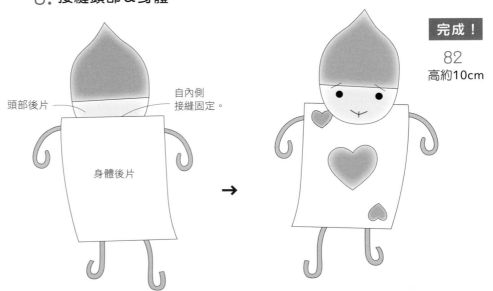

頭部後片
自內側接縫固定。
身體後片

→

完成！
82
高約10cm

原寸紙型參見P.82

5 材料
- 不織布
  咖啡色・・15cm×15cm
  淺豆沙色・・3cm×7cm
- 香菇釦
  3.5mm（黑色・眼睛用）・・2個
  5mm（黑色・鼻子用）・・1個
- 25號繡線・・與不織布相同顏色・黑色
- 手工藝用棉花・・適量

6 材料
- 不織布
  淺棕色・・15cm×15cm
- 香菇釦
  3.5mm（黑色・眼睛用）・・2個
  5mm（黑色・鼻子用）・・1個
- 25號繡線・・與不織布相同顏色
- 手工藝用棉花・・適量

＊取1股與不織布相同顏色的25號繡線進行縫製。

 5 作法

1. 摺製耳朵。

往下摺。

耳朵

※左右對稱地
製作2片。

2. 縫合頭部
&填入棉花。

3. 縫上眼睛
&鼻子。

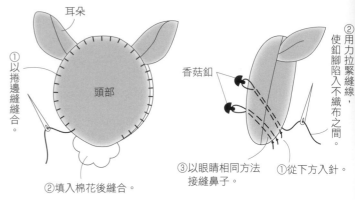

耳朵

①以捲邊縫縫合。

頭部

②填入棉花後縫合。

香菇釦

①從下方入針。

③以眼睛相同方法
接縫鼻子。

②用力拉緊縫線，
使釦腳陷入不織布之間。

4. 縫上口袋。

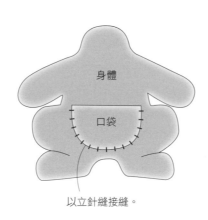

身體

口袋

以立針縫接縫。

5. 縫合身體
&填入棉花。

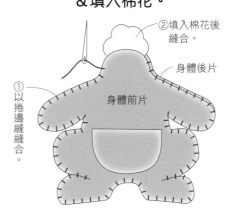

②填入棉花後縫合。

身體後片

①以捲邊縫縫合。

身體前片

6. 接縫頭部&身體。

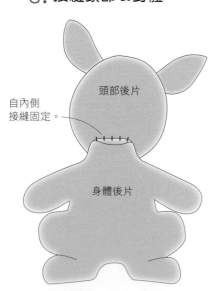

頭部後片

自內側接縫固定。

身體後片

7. 縫合尾巴
&填入棉花。

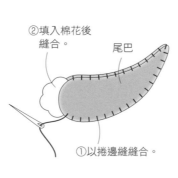

②填入棉花後縫合。

尾巴

①以捲邊縫縫合。

8. 縫上尾巴。

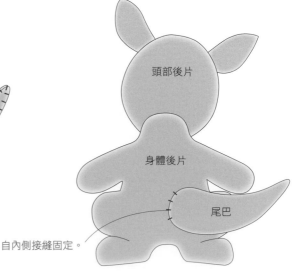

頭部後片

身體後片

尾巴

自內側接縫固定。

9. 繡上袋鼠寶寶 的臉部。

繡上袋鼠寶寶的臉部。

袋鼠寶寶

10. 縫合袋鼠寶寶的身體 ＆填入棉花。

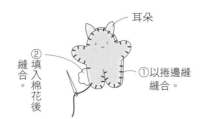

耳朵

②填入棉花後縫合。

①以捲邊縫縫合。

11. 將袋鼠寶寶放入口袋中。

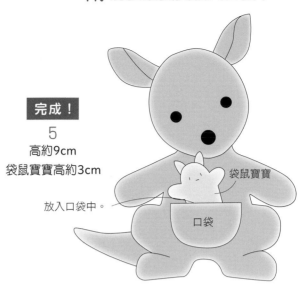

完成！

5
高約9cm
袋鼠寶寶高約3cm

放入口袋中。

袋鼠寶寶

口袋

---

6 作法

1. 製作頭部。

作法同 No.5。

2. 製作身體。

作法同 No.5。

---

3. 接縫頭部＆身體。

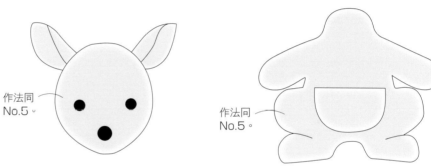

頭部後片

身體後片

自內側 接縫固定。

4. 縫上尾巴。

頭部後片

身體後片

尾巴

以No.5相同作法 自內側接縫尾巴。

→

完成！

6
高約8.5cm

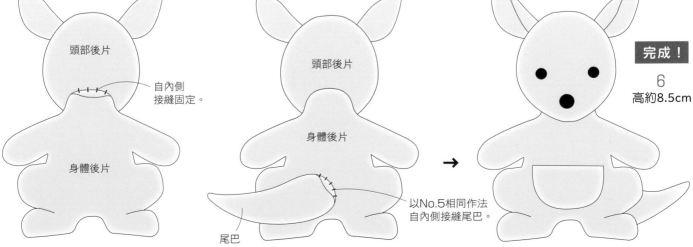

原寸紙型參見P.82

9 材料

・不織布
　白色‥11cm×9cm
　黑色‥11cm×14cm
・香菇釦
　5mm（黑色・眼睛用）‥2個
・25號繡線‥與不織布相同顏色
・手工藝用棉花‥適量
・木工用白膠

10 材料

・不織布
　白色‥10cm×11cm
　黑色‥11cm×12cm
・25號繡線‥與不織布相同顏色
・手工藝用棉花‥適量
・木工用白膠

＊取1股與不織布相同顏色的25號繡線進行縫製。

9 作法

1. 縫上熊貓斑紋。

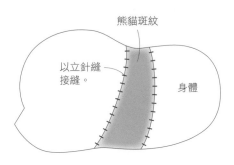

熊貓斑紋

以立針縫接縫。

身體

※左右對稱地製作2片。

2. 縫合身體
　&填入棉花。

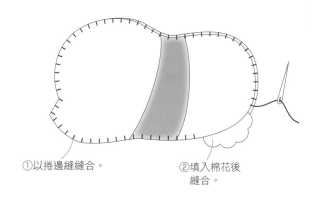

①以捲邊縫縫合。

②填入棉花後縫合。

3. 縫上耳朵&眼睛周圍。

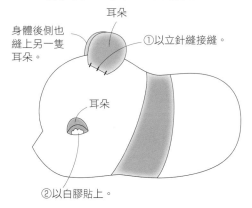

耳朵

身體後側也縫上另一隻耳朵。

①以立針縫接縫。

耳朵

②以白膠貼上。

4. 縫上眼睛，
　繡上鼻子&嘴巴。

橫跨針目進行刺繡。

針目

緞面繡。

飛羽繡。

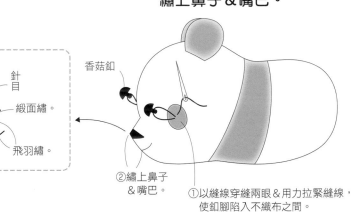

香菇釦

②繡上鼻子&嘴巴。

①以縫線穿縫兩眼&用力拉緊縫線，使釦腳陷入不織布之間。

5. 各自縫合手・腳
　&填入棉花。

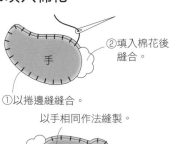

手

②填入棉花後縫合。

①以捲邊縫縫合。

以手相同作法縫製。

腳

6. 接縫上手&腳。

完成！

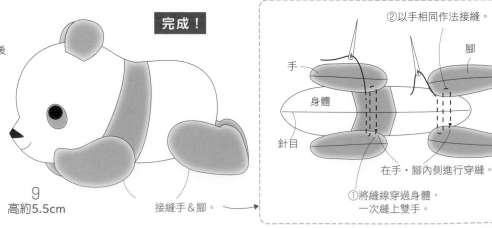

9
高約5.5cm

接縫手&腳。

②以手相同作法接縫。

手

腳

身體

針目

在手・腳內側進行穿縫。

①將縫線穿過身體，一次縫上雙手。

10 作法

1. 縫合身體＆填入棉花。

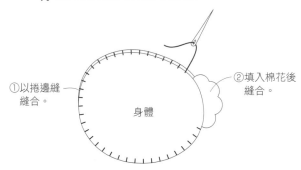

①以捲邊縫縫合。

②填入棉花後縫合。

身體

2. 縫合熊貓斑紋後，將斑紋接縫於身體。

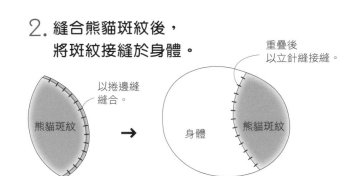

以捲邊縫縫合。

重疊後以立針縫接縫。

熊貓斑紋

身體

熊貓斑紋

3. 繡上鼻子＆嘴巴，再貼上眼睛周圍＆繡上眼睛。

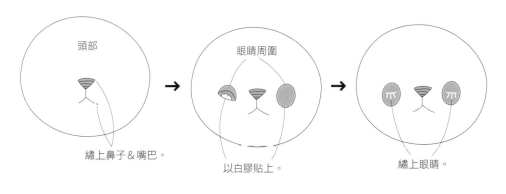

頭部

繡上鼻子＆嘴巴。

眼睛周圍

以白膠貼上。

繡上眼睛。

4. 縫合頭部＆填入棉花。

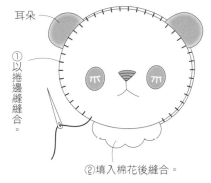

耳朵

①以捲邊縫縫合。

②填入棉花後縫合。

5. 各自縫合手・腳＆填入棉花。

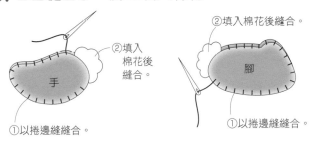

②填入棉花後縫合。

手

①以捲邊縫縫合。

②填入棉花後縫合。

腳

①以捲邊縫縫合。

6. 接縫頭部＆身體。

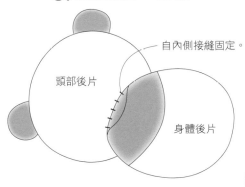

頭部後片

自內側接縫固定。

身體後片

7. 縫上手＆腳。

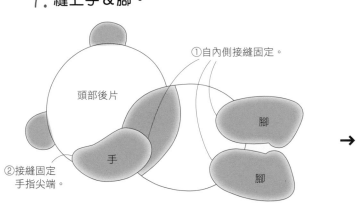

頭部後片

①自內側接縫固定。

手

腳

腳

②接縫固定手指尖端。

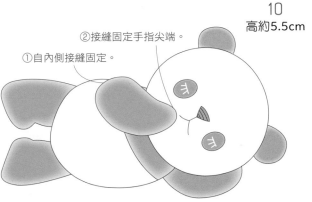

②接縫固定手指尖端。

①自內側接縫固定。

完成！

10

高約5.5cm

73

原寸紙型參見P.83

11 材料
・不織布
　咖啡色・・12cm×14cm
　白色・・3cm×3cm
・香菇釦
　3.5mm（黑色・眼睛用）・・2個
・25號繡線・・與不織布相同顏色・深咖啡色
・粉彩筆・・深咖啡色
・手工藝用棉花・・適量

12 材料
・不織布
　淺咖啡色・・13cm×12cm
・粉彩筆・・深咖啡色
・25號繡線・・與不織布相同顏色・深咖啡色
・手工藝用棉花・・適量

＊取1股與不織布相同顏色的25號繡線進行縫製。

 作法

1. 縫上腹部。

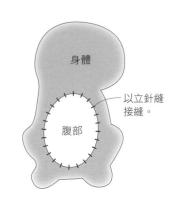

身體

腹部

以立針縫接縫。

2. 縫合身體 &填入棉花。

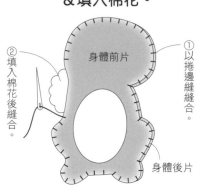

②填入棉花後縫合。

身體前片

①以捲邊縫縫合。

身體後片

3. 縫上耳朵。

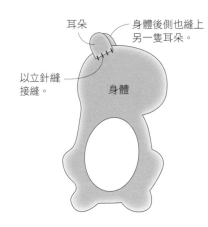

耳朵

身體後側也縫上另一隻耳朵。

以立針縫接縫。

身體

4. 縫上眼睛 &繡上鼻子。

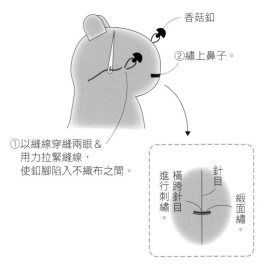

香菇釦

②繡上鼻子。

①以縫線穿縫兩眼&用力拉緊縫線，使釦腳陷入不織布之間。

進行刺繡。　橫跨針目　針目　緞面繡。

5. 縫合手部 &填入棉花。

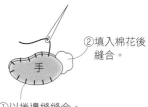

②填入棉花後縫合。

手

①以捲邊縫縫合。

6. 接縫手部。

手

身體後片

自內側接縫固定。

7. 縫合尾巴 &填入棉花。

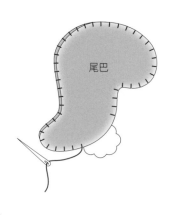

尾巴

8. 畫上松鼠尾巴斑紋。 **完成！**

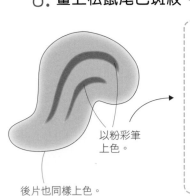

以粉彩筆上色。

後片也同樣上色。

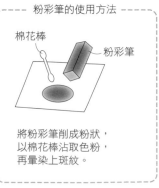

粉彩筆的使用方法

棉花棒

粉彩筆

將粉彩筆削成粉狀，以棉花棒沾取色粉，再暈染上斑紋。

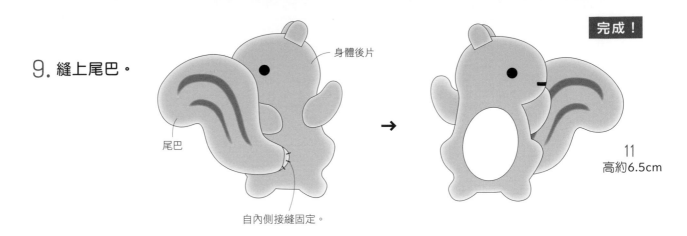

9. 縫上尾巴。

身體後片

尾巴

自內側接縫固定。

11
高約6.5cm

---

12 作法

1. 繡上眼睛。

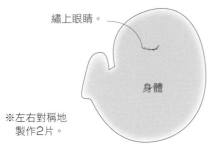

繡上眼睛。

※左右對稱地
製作2片。

身體

2. 縫合身體
   ＆填入棉花。

①以捲邊縫縫合。

②填入棉花後
縫合。

3. 縫上耳朵
   ＆繡上鼻子。

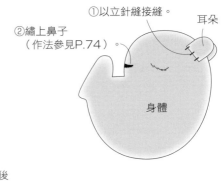

①以立針縫接縫。

耳朵

②繡上鼻子
（作法參見P.74）。

身體

---

4. 縫合手部＆填入棉花後，
   將身體接縫上雙手。

依No.11相同作法，
以捲邊縫縫合＆填入棉花。

手

身體
針目

手　手

僅在內側
進行穿縫。

將縫線穿過身體，
一次縫上雙手。

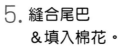

手

身體

接縫固定。

5. 縫合尾巴
   ＆填入棉花。

①以捲邊縫
縫合。

尾巴

②填入棉花後縫合。

6. 畫上松鼠尾巴
   斑紋。

尾巴

以粉彩筆上色
（作法參見P.74）。

7. 縫上尾巴。

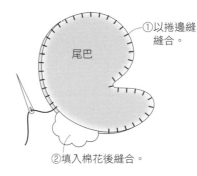

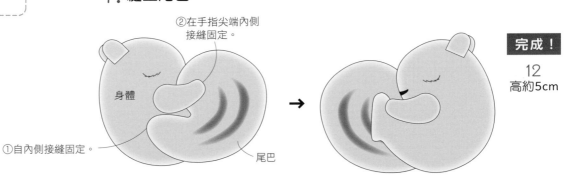

②在手指尖端內側
接縫固定。

身體

①自內側接縫固定。

尾巴

12
高約5cm

原寸紙型參見P.81

3 材料
・不織布
　　淺粉色・・9cm×14cm
　　白色・・6cm×6cm
　　駝色・・3cm×5cm
・香菇釦
　　3.5mm（黑色・眼睛用）・・2個
・25號繡線・・與不織布相同顏色・咖啡色
・手工藝用棉花・・適量

4 材料
・不織布
　　白色・・9cm×14cm
　　淺粉色・・6cm×6cm
　　駝色・・3cm×5cm
・香菇釦
　　3.5mm（黑色・眼睛用）・・2個
・25號繡線・・與不織布相同顏色・咖啡色
・手工藝用棉花・・適量

＊取1股與不織布相同顏色的25號繡線進行縫製。

作法

1. 將臉部接縫於身體。

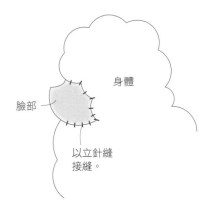

身體

臉部

以立針縫接縫。

2. 繡上羊角的紋路。

羊角

繡上羊角的紋路。

※左右對稱地製作2片。

3. 縫上羊角。

自內側接縫固定。

羊角

身體

※左右對稱地製作2片。

4. 縫合身體＆填入棉花。

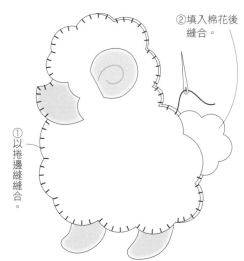

②填入棉花後縫合。

①以捲邊縫縫合。

5. 縫上眼睛＆繡上鼻子。

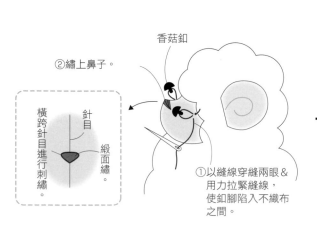

②繡上鼻子。

香菇釦

橫跨針目進行刺繡。

針目

緞面繡

①以縫線穿縫兩眼＆用力拉緊縫線，使釦腳陷入不織布之間。

完成！

4
高約8cm

3
高約8cm

作法同No.4。

原寸紙型參見P.91

69 材料
・不織布
　駝色・・13cm×15cm
　水藍色・・7cm×9cm
　白色・・1cm×1cm
・4mm日本珠（黑色・眼睛用）・・2個
・胖水滴珠
　外徑3mm（黑色・鈕釦用）・・2個
・25號繡線・・與不織布相同顏色・咖啡色
・手工藝用棉花・・適量

70 材料
・不織布
　淺粉色・・11cm×13cm
　白色・・3cm×3cm
・3mm日本珠（黑色・眼睛用）・・2個
・25號繡線・・與不織布相同顏色・咖啡色
・手工藝用棉花・・適量

71 材料
・不織布
　淺咖啡色・・10cm×12cm
　水藍色・・1.5cm×1.5cm
　白色・・3cm×3cm
・3mm日本珠（黑色・眼睛用）・・2個
・25號繡線・・與不織布相同顏色・咖啡色
・手工藝用棉花・・適量

72 材料
・不織布
　淺粉色・・13cm×15cm
　白色・・5cm×7cm
・4mm日本珠（黑色・眼睛用）・・2個
・胖水滴珠
　外徑3mm（白色・鈕釦用）・・2個
・25號繡線・・與不織布相同顏色・咖啡色
・手工藝用棉花・・適量

※取1股與不織布相同顏色的25號繡線進行縫製。

香菇鈕

69 作法

1. 縫上鼻子。

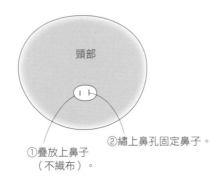

①疊放上鼻子（不織布）。
②繡上鼻孔固定鼻子。

2. 縫合身體＆填入棉花。

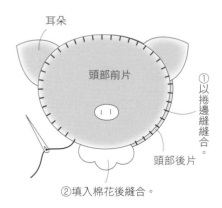

耳朵
頭部前片
頭部後片
①以捲邊縫縫合。
②填入棉花後縫合。

3. 縫上眼睛。

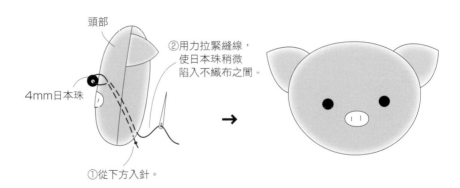

頭部
4mm日本珠
②用力拉緊縫線，使日本珠稍微陷入不織布之間。
①從下方入針。

4. 縫合身體＆填入棉花。

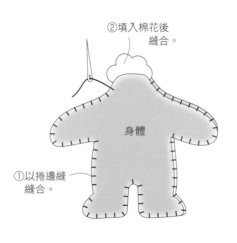

②填入棉花後縫合。
身體
①以捲邊縫縫合。

5. 接縫頭部＆身體。

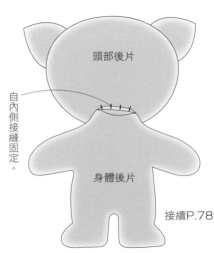

頭部後片
身體後片
自內側接縫固定。

接續P.78

77

6. 製作&穿上背心。

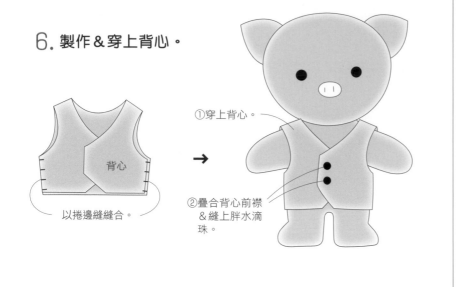

①穿上背心。

背心

以捲邊縫縫合。

②疊合背心前襟
&縫上胖水滴
珠。

1. 縫上鼻子。

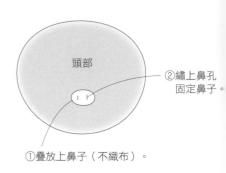

頭部

②繡上鼻孔
固定鼻子。

①疊放上鼻子（不織布）。

2. 縫合頭部&填入棉花。

3. 縫上眼睛。

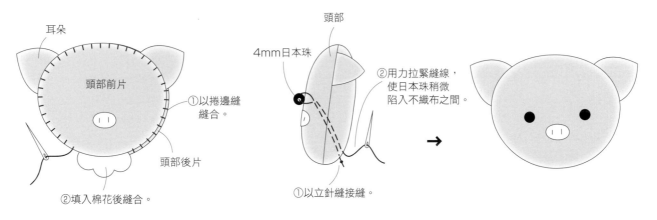

耳朵

頭部前片

①以捲邊縫
縫合。

頭部後片

②填入棉花後縫合。

頭部

4mm日本珠

②用力拉緊縫線，
使日本珠稍微
陷入不織布之間。

①以立針縫接縫。

4. 縫合身體
&填入棉花。

②填入棉花後縫合。

身體

①以捲邊縫
縫合。

5. 接縫頭部&身體。

頭部後片

自內側
接縫固定。

身體後片

6. 圍上圍巾。

完成！

①圍上圍巾。

②疊合圍巾兩端&
縫上胖水滴珠。

高約8cm

1. 縫上鼻子。

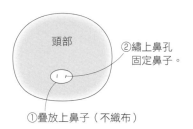

頭部

②繡上鼻孔固定鼻子。

①疊放上鼻子（不織布）

2. 縫合頭部 & 填入棉花。

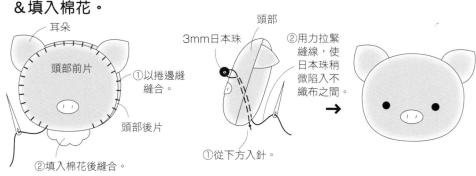

耳朵

頭部前片

①以捲邊縫縫合。

頭部後片

②填入棉花後縫合。

3. 縫上眼睛。

頭部

3mm日本珠

②用力拉緊縫線，使日本珠稍微陷入不織布之間。

①從下方入針。

4. 縫合身體 & 填入棉花。

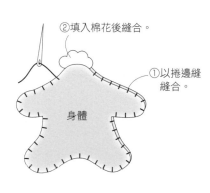

②填入棉花後縫合。

①以捲邊縫縫合。

身體

5. 接縫頭部 & 身體。

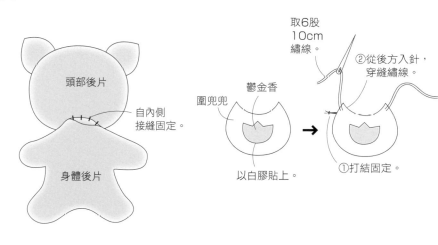

頭部後片

自內側接縫固定。

身體後片

6. 製作圍兜兜。

取6股10cm繡線。

鬱金香

圍兜兜

以白膠貼上。

②從後方入針，穿縫繡線。

①打結固定。

7. 繫上圍兜兜。

完成！

70
高約6cm

繫上圍兜兜。

頭部後片

打結一個蝴蝶結，剪去多餘的繡線。

身體後片

71
高約6cm

作法同No.70。

原寸紙型參見P.89

51 材料
・不織布
　白色・・7cm×14cm
　鵝黃色・・7cm×13cm
・香菇釦
　6mm（黑色・眼睛用）・・2個
・25號繡線・・與不織布相同顏色・紅色
・粉彩筆・・深粉色
・手工藝用棉花・・適量

52 材料
・不織布
　白色・・7cm×14cm
　粉紅色・・7cm×13cm
・香菇釦
　6mm（黑色・眼睛用）　2個
・25號繡線・・與不織布相同顏色・紅色
・粉彩筆・・深粉色
・手工藝用棉花・・適量

53 材料
・不織布
　白色・・7cm×14cm
　天藍色・・7cm×13cm
・香菇釦
　6mm（黑色・眼睛用）・・2個
・25號繡線・・與不織布相同顏色・紅色
・粉彩筆・・深粉色
・手工藝用棉花・・適量

＊取1股與不織布相同顏色的25號繡線進行縫製。

作法

1. 縫上胸鰭＆舵鰭。

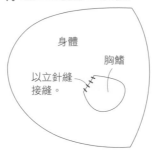
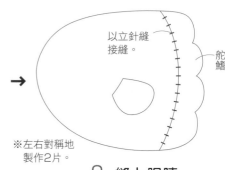

※左右對稱地製作2片。

2. 繡上魚鰭的紋路，縫合身體＆填入棉花。

3. 縫上眼睛＆繡上嘴巴。

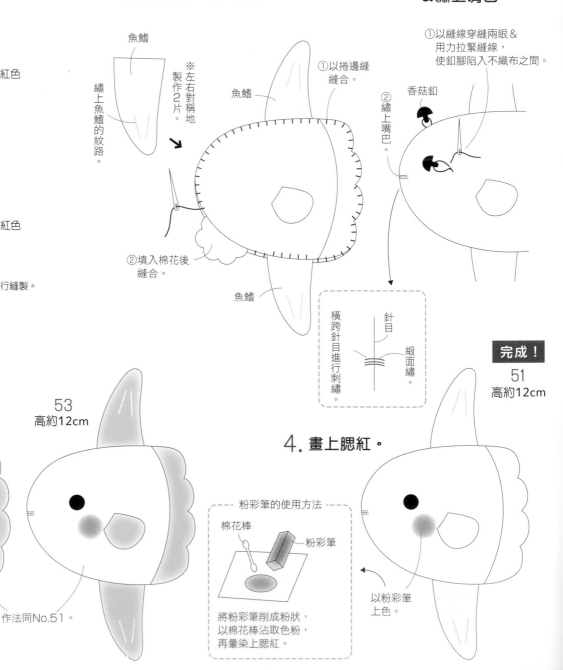

4. 畫上腮紅。

52
高約12cm

53
高約12cm

作法同No.51。

完成！

51
高約12cm

以粉彩筆上色。

粉彩筆的使用方法

棉花棒

粉彩筆

將粉彩筆削成粉狀，以棉花棒沾取色粉，再暈染上腮紅。

原寸紙型

＊裁剪不織布時不需外加縫份，沿著紙型的邊線直接裁剪即可。
＊紙型中標有□記號數字時，表示有重疊的部件紙型。
　請分別裁剪各部件紙型後，再依編號順序重疊＆進行製作。

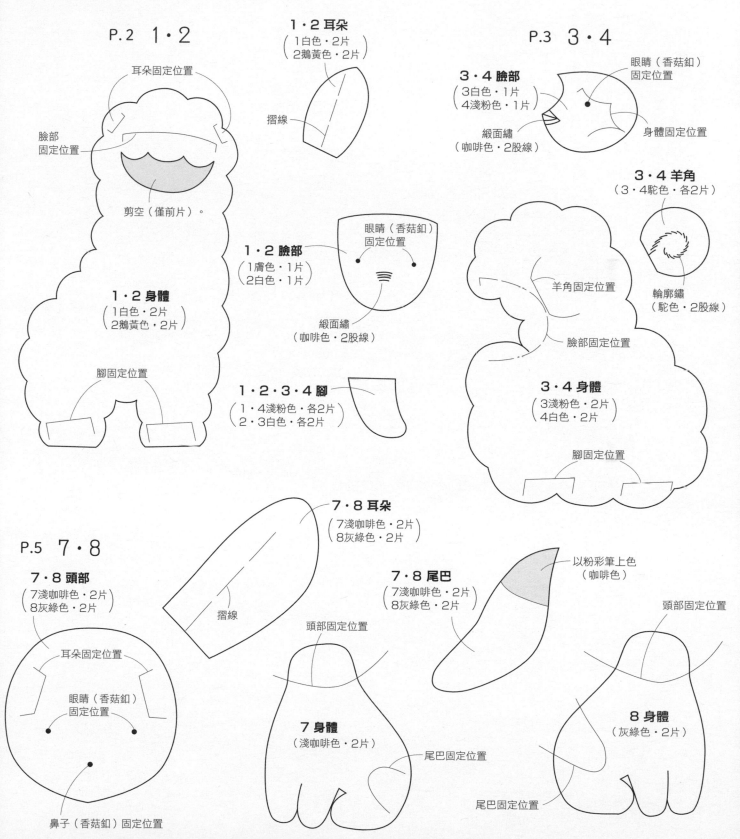

P.2 1・2

耳朵固定位置

臉部
固定位置

剪空（僅前片）。

1・2 身體
（1白色・2片）
（2鵝黃色・2片）

腳固定位置

1・2 耳朵
（1白色・2片）
（2鵝黃色・2片）

摺線

1・2 臉部
（1膚色・1片）
（2白色・1片）

眼睛（香菇釦）
固定位置

緞面繡
（咖啡色・2股線）

1・2・3・4 腳
（1・4淺粉色・各2片）
（2・3白色・各2片）

P.3 3・4

3・4 臉部
（3白色・1片）
（4淺粉色・1片）

眼睛（香菇釦）
固定位置

緞面繡
（咖啡色・2股線）

身體固定位置

3・4 羊角
（3・4駝色・各2片）

羊角固定位置

臉部固定位置

輪廓繡
（駝色・2股線）

3・4 身體
（3淺粉色・2片）
（4白色・2片）

腳固定位置

P.5 7・8

7・8 頭部
（7淺咖啡色・2片）
（8灰綠色・2片）

耳朵固定位置

眼睛（香菇釦）
固定位置

鼻子（香菇釦）固定位置

7・8 耳朵
（7淺咖啡色・2片）
（8灰綠色・2片）

摺線

7・8 尾巴
（7淺咖啡色・2片）
（8灰綠色・2片）

以粉彩筆上色
（咖啡色）

頭部固定位置

頭部固定位置

7 身體
（淺咖啡色・2片）

尾巴固定位置

8 身體
（灰綠色・2片）

尾巴固定位置

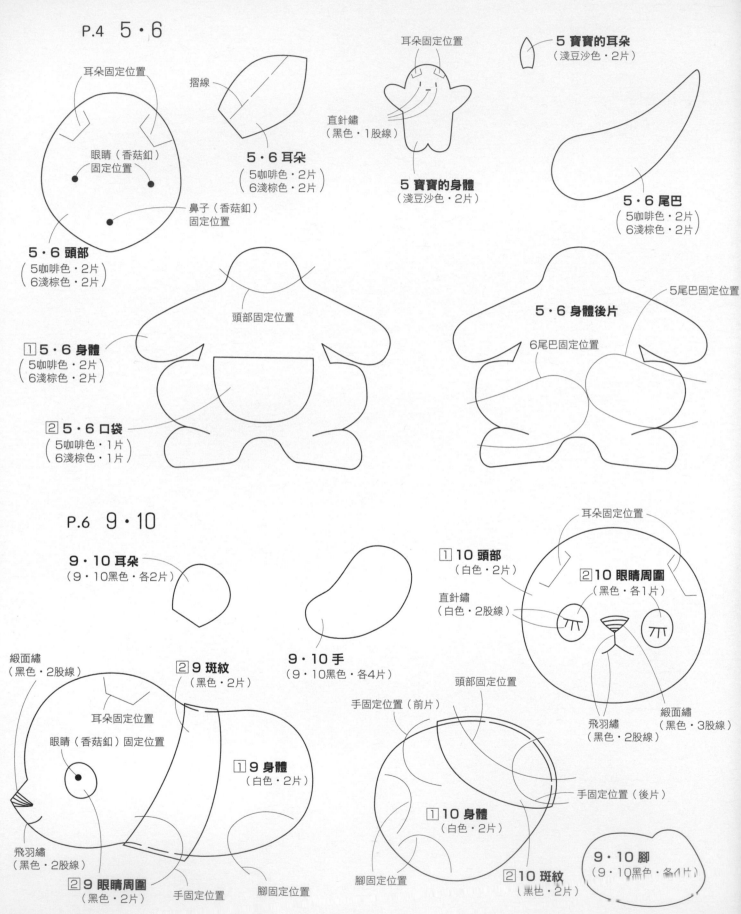

P.4 5・6

耳朵固定位置

摺線

5 寶寶的耳朵
（淺豆沙色・2片）

眼睛（香菇釦）
固定位置

5・6耳朵
（5咖啡色・2片）
（6淺棕色・2片）

直針鏽
（黑色・1股線）

鼻子（香菇釦）
固定位置

5 寶寶的身體
（淺豆沙色・2片）

5・6 頭部
（5咖啡色・2片）
（6淺棕色・2片）

5・6 尾巴
（5咖啡色・2片）
（6淺棕色・2片）

頭部固定位置

5尾巴固定位置

5・6 身體後片

1 5・6 身體
（5咖啡色・2片）
（6淺棕色・2片）

6尾巴固定位置

2 5・6 口袋
（5咖啡色・1片）
（6淺棕色・1片）

P.6 9・10

9・10 耳朵
（9・10黑色・各2片）

1 10 頭部
（白色・2片）

耳朵固定位置

2 10 眼睛周圍
（黑色・各1片）

直針鏽
（白色・2股線）

2 9 斑紋
（黑色・2片）

9・10 手
（9・10黑色・各4片）

緞面繡
（黑色・2股線）

耳朵固定位置

眼睛（香菇釦）固定位置

1 9 身體
（白色・2片）

頭部固定位置

手固定位置（前片）

飛羽繡
（黑色・2股線）

緞面繡
（黑色・3股線）

手固定位置（後片）

飛羽繡
（黑色・2股線）

2 9 眼睛周圍
（黑色・2片）

手固定位置

腳固定位置

1 10 身體
（白色・2片）

腳固定位置

2 10 斑紋
（黑色・2片）

9・10 腳
（9・10黑色・各4片）

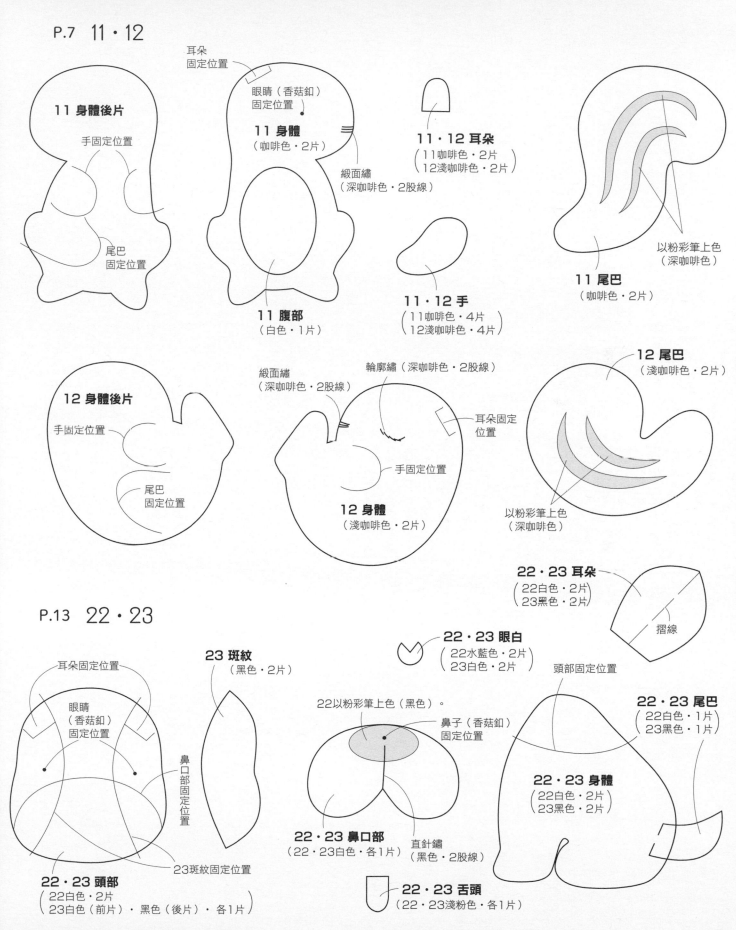

11 身體後片

手固定位置

尾巴
固定位置

耳朵
固定位置

眼睛（香菇釦）
固定位置

11 身體
（咖啡色·2片）

緞面繡
（深咖啡色·2股線）

11·12 耳朵
（11咖啡色·2片）
（12淺咖啡色·2片）

以粉彩筆上色
（深咖啡色）

11 尾巴
（咖啡色·2片）

11 腹部
（白色·1片）

11·12 手
（11咖啡色·4片）
（12淺咖啡色·4片）

12 身體後片

手固定位置

尾巴
固定位置

緞面繡
（深咖啡色·2股線）

輪廓繡（深咖啡色·2股線）

耳朵固定
位置

手固定位置

12 身體
（淺咖啡色·2片）

12 尾巴
（淺咖啡色·2片）

以粉彩筆上色
（深咖啡色）

耳朵固定位置

眼睛
（香菇釦）
固定位置

鼻口部
固定位置

23斑紋固定位置

22·23 頭部
（22白色·2片）
（23白色（前片）·黑色（後片）·各1片）

23 斑紋
（黑色·2片）

22·23 眼白
（22水藍色·2片）
（23白色·2片）

22以粉彩筆上色（黑色）。

鼻子（香菇釦）
固定位置

22·23 鼻口部
（22·23白色·各1片）

直針繡
（黑色·2股線）

22·23 耳朵
（22白色·2片）
（23黑色·2片）

摺線

頭部固定位置

22·23 尾巴
（22白色·1片）
（23黑色·1片）

22·23 身體
（22白色·2片）
（23黑色·2片）

22·23 舌頭
（22·23淺粉色·各1片）

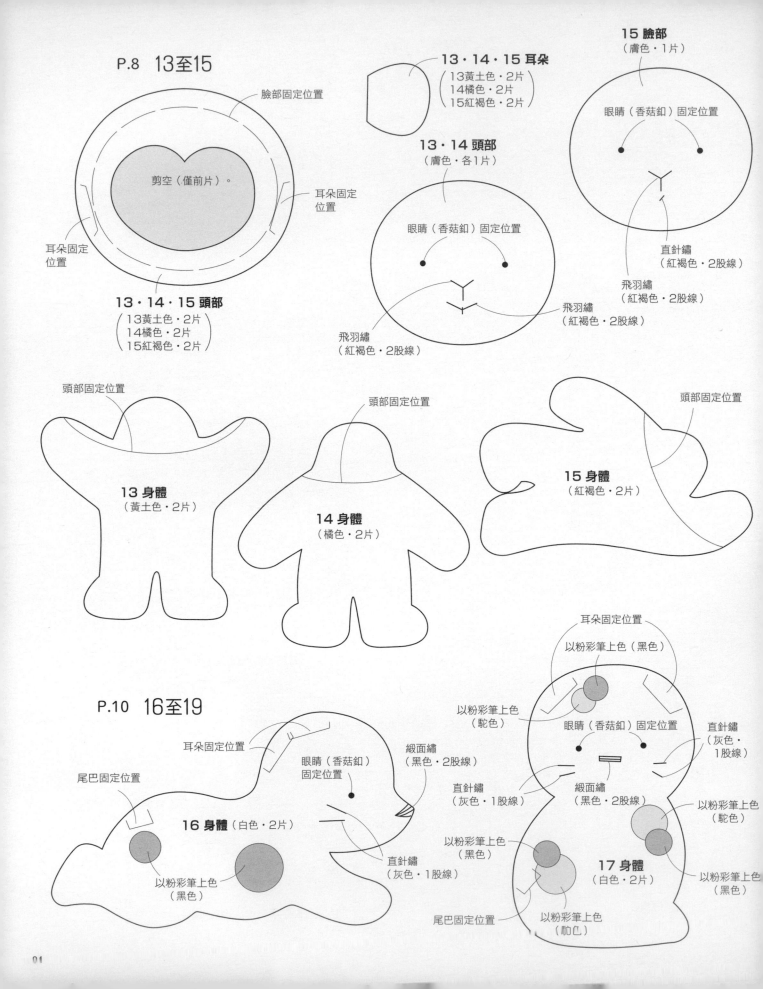

P.8 13至15

臉部固定位置

剪空（僅前片）。

耳朵固定位置

耳朵固定位置

13・14・15 頭部
（13黃土色・2片）
（14橘色・2片）
（15紅褐色・2片）

13・14・15 耳朵
（13黃土色・2片）
（14橘色・2片）
（15紅褐色・2片）

15 臉部
（膚色・1片）

眼睛（香菇釦）固定位置

13・14 頭部
（膚色・各1片）

眼睛（香菇釦）固定位置

直針繡
（紅褐色・2股線）

飛羽繡
（紅褐色・2股線）

飛羽繡
（紅褐色・2股線）

飛羽繡
（紅褐色・2股線）

頭部固定位置

13 身體
（黃土色・2片）

頭部固定位置

14 身體
（橘色・2片）

頭部固定位置

15 身體
（紅褐色・2片）

P.10 16至19

耳朵固定位置

尾巴固定位置

眼睛（香菇釦）固定位置

緞面繡
（黑色・2股線）

16 身體（白色・2片）

直針繡
（灰色・1股線）

以粉彩筆上色
（黑色）

耳朵固定位置

以粉彩筆上色（黑色）

以粉彩筆上色
（駝色）

眼睛（香菇釦）固定位置

直針繡
（灰色・
1股線）

直針繡
（灰色・1股線）

緞面繡
（黑色・2股線）

以粉彩筆上色
（黑色）

以粉彩筆上色
（駝色）

以粉彩筆上色
（黑色）

17 身體
（白色・2片）

尾巴固定位置

以粉彩筆上色
（帕色）

81

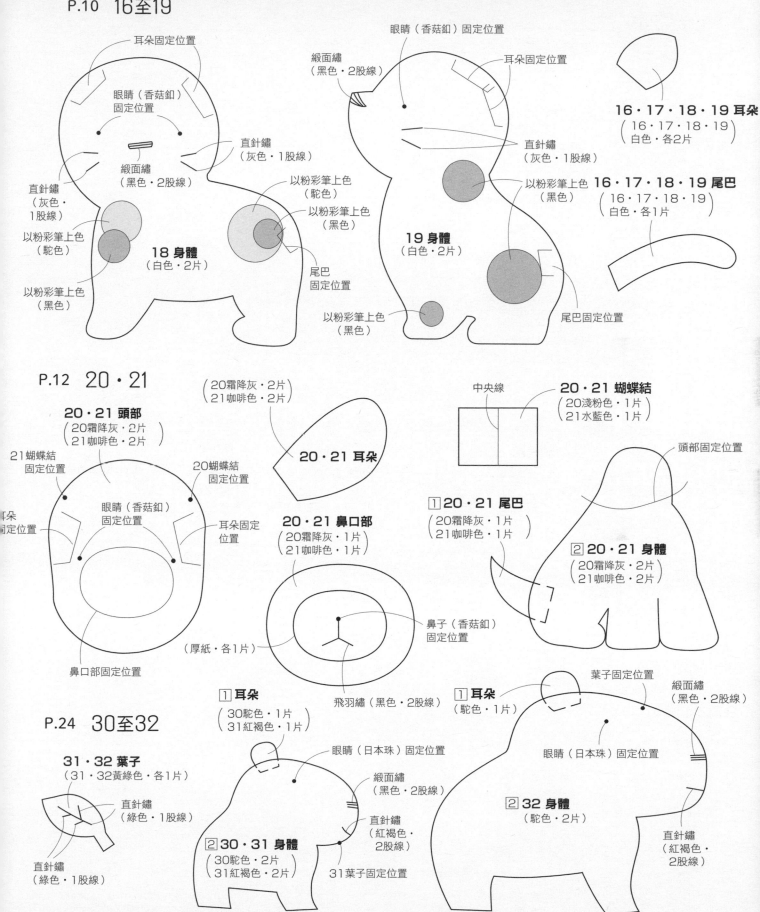

耳朵固定位置

眼睛（香菇釦）
固定位置

眼睛（香菇釦）固定位置

緞面繡
（黑色‧2股線）

耳朵固定位置

直針繡
（灰色‧1股線）

直針繡
（灰色‧1股線）

緞面繡
（黑色‧2股線）

以粉彩筆上色
（駝色）

以粉彩筆上色
（駝色）

以粉彩筆上色
（黑色）

16‧17‧18‧19 耳朵
（16‧17‧18‧19
白色‧各2片）

直針繡
（灰色‧
1股線）

以粉彩筆上色
（駝色）

以粉彩筆上色
（黑色）

以粉彩筆上色
（黑色）

18 身體
（白色‧2片）

19 身體
（白色‧2片）

16‧17‧18‧19 尾巴
（16‧17‧18‧19
白色‧各1片）

尾巴
固定位置

以粉彩筆上色
（黑色）

尾巴固定位置

P.12　20‧21

20‧21 頭部
（20霜降灰‧2片
21咖啡色‧2片）

（20霜降灰‧2片
21咖啡色‧2片）

20‧21 耳朵

中央線

20‧21 蝴蝶結
（20淺粉色‧1片
21水藍色‧1片）

頭部固定位置

21蝴蝶結
固定位置

20蝴蝶結
固定位置

眼睛（香菇釦）
固定位置

耳朵固定
位置

20‧21 鼻口部
（20霜降灰‧1片
21咖啡色‧1片）

1 20‧21 尾巴
（20霜降灰‧1片
21咖啡色‧1片）

2 20‧21 身體
（20霜降灰‧2片
21咖啡色‧2片）

耳朵
固定位置

鼻口部固定位置

（厚紙‧各1片）

鼻子（香菇釦）
固定位置

飛羽繡（黑色‧2股線）

葉子固定位置

緞面繡
（黑色‧2股線）

P.24　30至32

31‧32 葉子
（31‧32黃綠色‧各1片）

1 耳朵
（30駝色‧1片
31紅褐色‧1片）

眼睛（日本珠）固定位置

1 耳朵
（駝色‧1片）

眼睛（日本珠）固定位置

直針繡
（綠色‧1股線）

緞面繡
（黑色‧2股線）

2 32 身體
（駝色‧2片）

2 30‧31 身體
（30駝色‧2片
31紅褐色‧2片）

直針繡
（紅褐色‧
2股線）

直針繡
（綠色‧1股線）

31葉子固定位置

直針繡
（紅褐色‧
2股線）

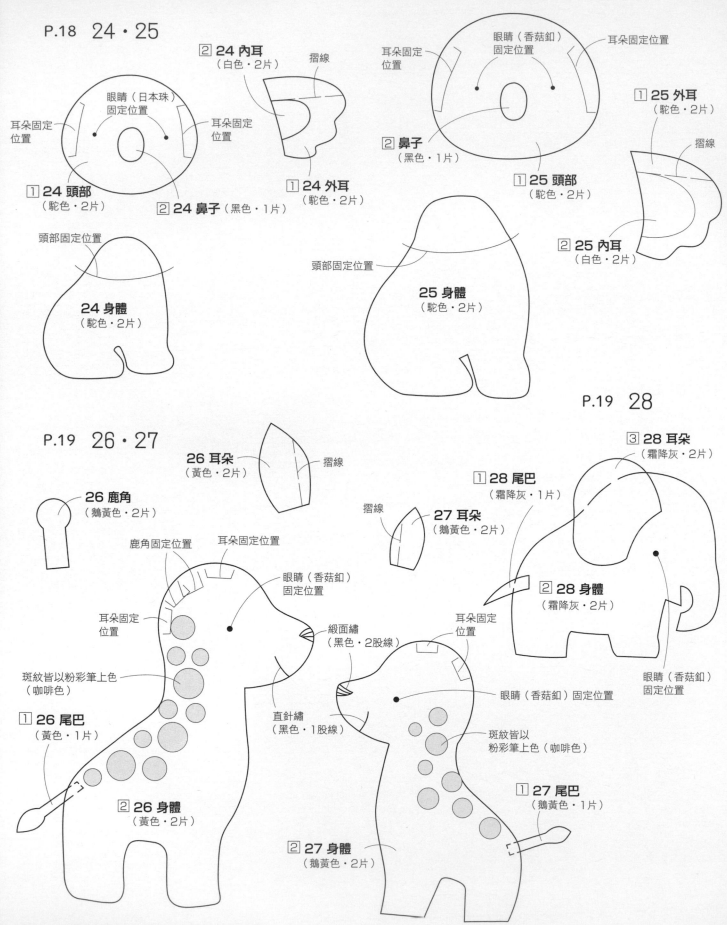

P.18　24・25

② 24 內耳
（白色・2片）

摺線

② 24 鼻子
（黑色・1片）

眼睛（日本珠）
固定位置

耳朵固定
位置

耳朵固定
位置

① 24 頭部
（駝色・2片）

① 24 外耳
（駝色・2片）

眼睛（香菇釦）
固定位置

耳朵固定位置

耳朵固定
位置

② 鼻子
（黑色・1片）

① 25 外耳
（駝色・2片）

摺線

① 25 頭部
（駝色・2片）

② 25 內耳
（白色・2片）

頭部固定位置

24 身體
（駝色・2片）

頭部固定位置

25 身體
（駝色・2片）

P.19　28

P.19　26・27

26 耳朵
（黃色・2片）

摺線

③ 28 耳朵
（霜降灰・2片）

① 28 尾巴
（霜降灰・1片）

26 鹿角
（鵝黃色・2片）

摺線

27 耳朵
（鵝黃色・2片）

② 28 身體
（霜降灰・2片）

鹿角固定位置

耳朵固定位置

眼睛（香菇釦）
固定位置

緞面繡
（黑色・2股線）

耳朵固定
位置

眼睛（香菇釦）
固定位置

耳朵固定
位置

斑紋皆以粉彩筆上色
（咖啡色）

① 26 尾巴
（黃色・1片）

直針繡
（黑色・1股線）

眼睛（香菇釦）固定位置

② 26 身體
（黃色・2片）

斑紋皆以
粉彩筆上色（咖啡色）

① 27 尾巴
（鵝黃色・1片）

② 27 身體
（鵝黃色・2片）

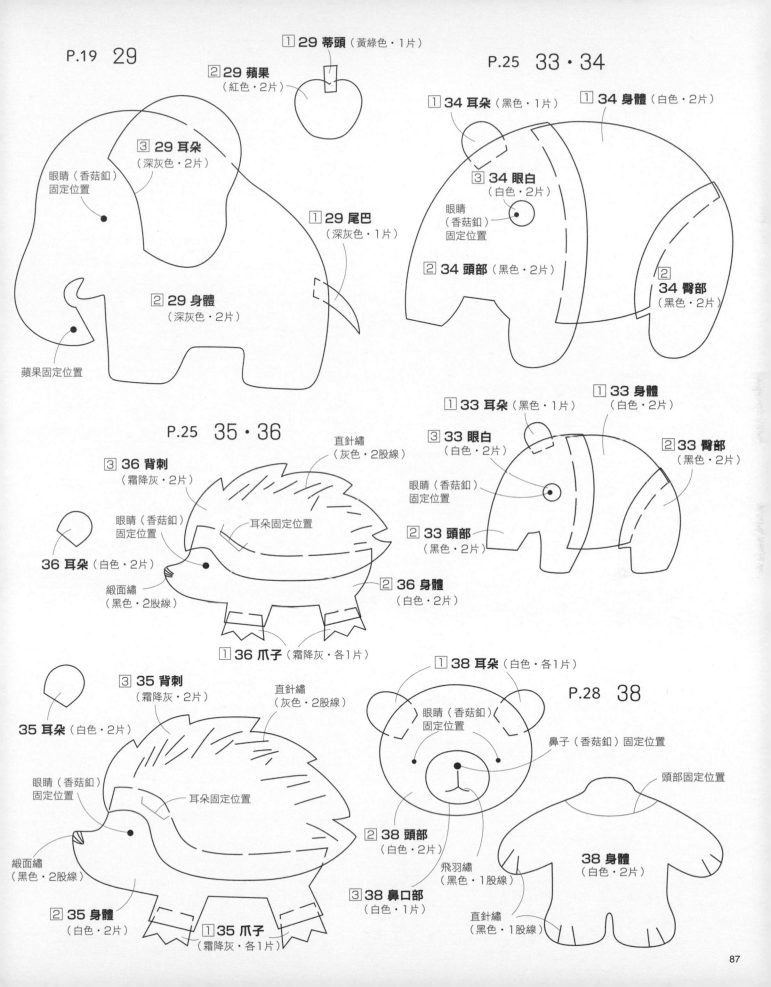

P.19　29

① 29 蒂頭（黃綠色・1片）

② 29 蘋果
（紅色・2片）

③ 29 耳朵
（深灰色・2片）

眼睛（香菇釦）
固定位置

① 29 尾巴
（深灰色・1片）

② 29 身體
（深灰色・2片）

蘋果固定位置

P.25　33・34

① 34 耳朵（黑色・1片）

① 34 身體（白色・2片）

③ 34 眼白
（白色・2片）

眼睛
（香菇釦）
固定位置

② 34 頭部（黑色・2片）

② 34 臀部
（黑色・2片）

① 33 耳朵（黑色・1片）

① 33 身體
（白色・2片）

③ 33 眼白
（白色・2片）

② 33 臀部
（黑色・2片）

眼睛（香菇釦）
固定位置

② 33 頭部
（黑色・2片）

P.25　35・36

③ 36 背刺
（霜降灰・2片）

直針繡
（灰色・2股線）

眼睛（香菇釦）
固定位置

耳朵固定位置

36 耳朵（白色・2片）

緞面繡
（黑色・2股線）

② 36 身體
（白色・2片）

① 36 爪子（霜降灰・各1片）

③ 35 背刺
（霜降灰・2片）

直針繡
（灰色・2股線）

35 耳朵（白色・2片）

眼睛（香菇釦）
固定位置

耳朵固定位置

緞面繡
（黑色・2股線）

② 35 身體
（白色・2片）

① 35 爪子
（霜降灰・各1片）

① 38 耳朵（白色・各1片）

P.28　38

眼睛（香菇釦）
固定位置

鼻子（香菇釦）固定位置

頭部固定位置

② 38 頭部
（白色・2片）

飛羽繡
（黑色・1股線）

③ 38 鼻口部
（白色・1片）

38 身體
（白色・2片）

直針繡
（黑色・1股線）

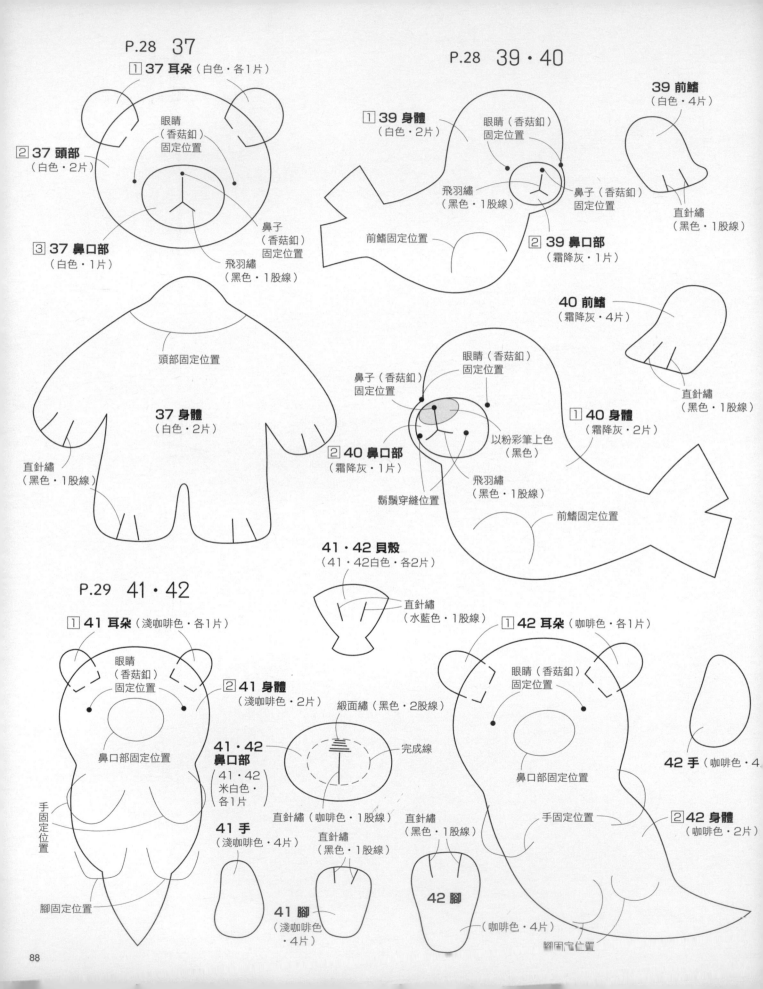

P.28 37

① 37 耳朵（白色・各1片）

② 37 頭部
（白色・2片）

眼睛
（香菇釦）
固定位置

③ 37 鼻口部
（白色・1片）

鼻子
（香菇釦）
固定位置

飛羽繡
（黑色・1股線）

頭部固定位置

37 身體
（白色・2片）

直針繡
（黑色・1股線）

P.28 39・40

① 39 身體
（白色・2片）

眼睛（香菇釦）
固定位置

飛羽繡
（黑色・1股線）

鼻子（香菇釦）
固定位置

② 39 鼻口部
（霜降灰・1片）

前鰭固定位置

39 前鰭
（白色・4片）

直針繡
（黑色・1股線）

40 前鰭
（霜降灰・4片）

鼻子（香菇釦）
固定位置

眼睛（香菇釦）
固定位置

以粉彩筆上色
（黑色）

② 40 鼻口部
（霜降灰・1片）

飛羽繡
（黑色・1股線）

鬍鬚穿縫位置

① 40 身體
（霜降灰・2片）

直針繡
（黑色・1股線）

前鰭固定位置

41・42 貝殼
（41・42白色・各2片）

直針繡
（水藍色・1股線）

P.29 41・42

① 41 耳朵（淺咖啡色・各1片）

眼睛
（香菇釦）
固定位置

② 41 身體
（淺咖啡色・2片）

鼻口部固定位置

手固定位置

41・42
鼻口部
（41・42
米白色・
各1片）

41 手
（淺咖啡色・4片）

腳固定位置

41 腳
（淺咖啡色
・4片）

緞面繡（黑色・2股線）

完成線

直針繡（咖啡色・1股線）

直針繡
（黑色・1股線）

① 42 耳朵（咖啡色・各1片）

眼睛（香菇釦）
固定位置

鼻口部固定位置

直針繡
（黑色・1股線）

42 腳

42 手（咖啡色・4

② 42 身體
（咖啡色・2片）

手固定位置

（咖啡色・4片）

腳固定位置

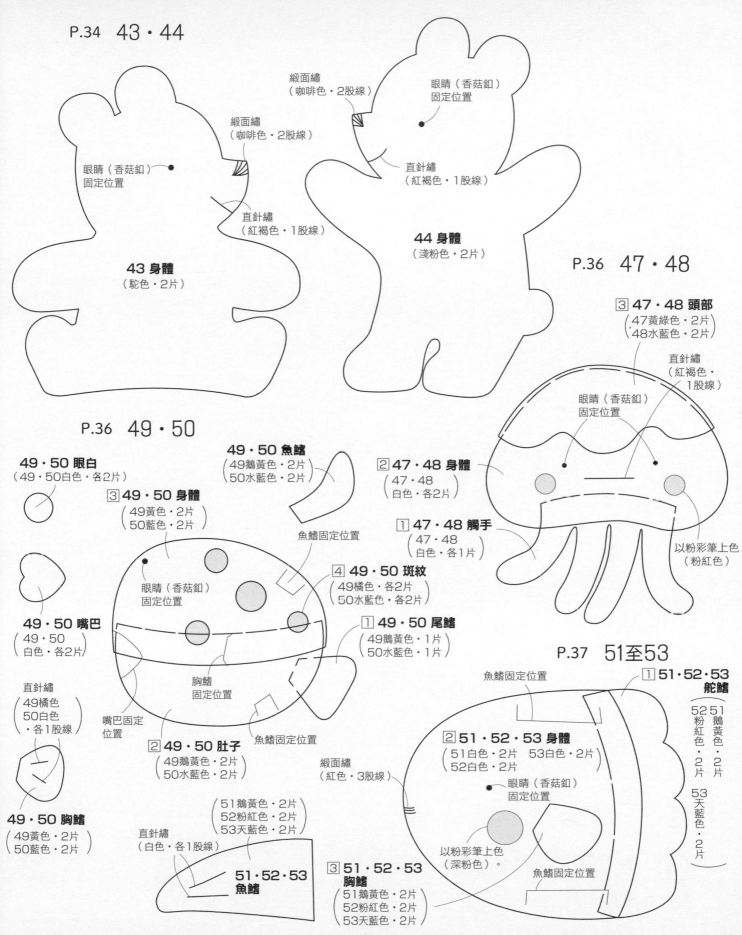

P.34　43・44

綴面繡
（咖啡色・2股線）

綴面繡
（咖啡色・2股線）

眼睛（香菇釦）
固定位置

眼睛（香菇釦）
固定位置

直針繡
（紅褐色・1股線）

直針繡
（紅褐色・1股線）

43 身體
（駝色・2片）

44 身體
（淺粉色・2片）

P.36　47・48

③**47・48 頭部**
（47黃綠色・2片
48水藍色・2片）

直針繡
（紅褐色・
1股線）

眼睛（香菇釦）
固定位置

P.36　49・50

49・50 眼白
（49・50白色・各2片）

49・50 魚鰭
（49鵝黃色・2片
50水藍色・2片）

②**47・48 身體**
（47・48
白色・各2片）

③**49・50 身體**
（49黃色・2片
50藍色・2片）

①**47・48 觸手**
（47・48
白色・各1片）

魚鰭固定位置

④**49・50 斑紋**
（49橘色・各2片
50水藍色・各2片）

以粉彩筆上色
（粉紅色）

眼睛（香菇釦）
固定位置

49・50 嘴巴
（49・50
白色・各2片）

①**49・50 尾鰭**
（49鵝黃色・1片
50水藍色・1片）

P.37　51至53

①**51・52・53**
舵鰭

直針繡
（49橘色
50白色
・各1股線）

胸鰭
固定位置

魚鰭固定位置

②**51・52・53 身體**
（51白色・2片　53白色・2片
52白色・2片）

52
粉
紅
色
・
2
片

51
鵝
黃
色
・
2
片

嘴巴固定
位置

魚鰭固定位置

綴面繡
（紅色・3股線）

眼睛（香菇釦）
固定位置

53
天
藍
色
・
2
片

49・50 胸鰭
（49黃色・2片
50藍色・2片）

②**49・50 肚子**
（49鵝黃色・2片
50水藍色・2片）

直針繡
（白色・各1股線）

（51鵝黃色・2片
52粉紅色・2片
53天藍色・2片）

以粉彩筆上色
（深粉色）。

魚鰭固定位置

51・52・53
魚鰭

③**51・52・53**
胸鰭
（51鵝黃色・2片
52粉紅色・2片
53天藍色・2片）

眼睛（香菇釦）
固定位置

緞面繡
（咖啡色・2股線）

直針繡
（紅褐色・1股線）

45 身體
（水藍色・2片）

眼睛（香菇釦）固定位置

直針繡
（紅褐色・1股線）

46 身體
（薄荷綠・2片）

57・58 背鰭＆胸鰭
（57天藍色・3片）
（58藍色・3片）

57・58 身體
（57天藍色・2片）
（58藍色・2片）

眼睛（香菇釦）
固定位置

背鰭＆胸鰭固定位置

57・58 腹部
（57白色・2片）
（58白色・2片）

直針繡（白色・各2股線）

①**59・60・61 羽冠**
（59綠松色
60天藍色・61黃色）
・各1片

②**59・60・61 身體**
（59黃色・2片　61白色・2片）
60薄荷綠・2片

眼睛（香菇釦）
固定位置

**59・60・61
鳥喙**
59白色
60黃色
61深粉色
各2片

a

c

b

59翅膀
固定位置

60・61
翅膀固定位置

①
**59・60・61
尾羽**

60
天
藍
色
・
1
片

59
綠
松
色
・
1
片

61
黃
色
・
1
片

①**59・60・61 翅膀**
59白色
60綠松色
61天藍色・各2片

②**59・60・61
翅膀上的愛心**
59黃色
60水藍色
61白色
各2片

①**54・55・56 羽冠**
54水藍色・1片
55黑色・1片
56藍色・1片

②**54・55・56**
54水藍色・2片
55黑色・2片
56藍色・2片

翅膀固定位置

眼睛（香菇釦）固定位置

鳥喙固定位置

③**54・55・56
腹部**
54白色・1片
55白色・1片
56白色・1片

翅膀固定位置

直針繡
（紅褐色・1股線）

54・55・56 鳥喙
54黃色・1片
55黃色・1片
56黃色・1片

54・55・56 翅膀
54水藍色・2片
55黑色・2片
56藍色・2片

**54・55
56 腳**
54黃色
55黃色
56黃色
・各2片

腳固定
位置

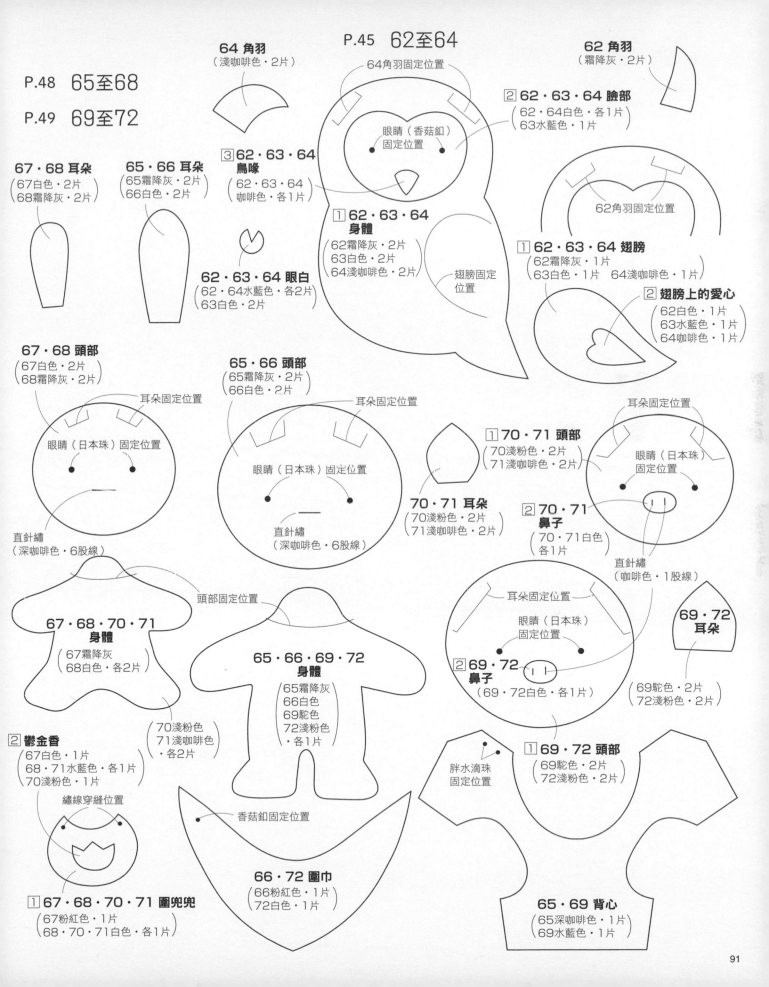

P.45 62至64

P.48 65至68

P.49 69至72

64 角羽
（淺咖啡色‧2片）

64角羽固定位置

眼睛（香菇釦）
固定位置

62 角羽
（霜降灰‧2片）

②62‧63‧64 臉部
（62‧64白色‧各1片
63水藍色‧1片）

67‧68 耳朵
（67白色‧2片
68霜降灰‧2片）

65‧66 耳朵
（65霜降灰‧2片
66白色‧2片）

③62‧63‧64
鳥喙
（62‧63‧64
咖啡色‧各1片）

62角羽固定位置

①62‧63‧64
身體
（62霜降灰‧2片
63白色‧2片
64淺咖啡色‧2片）

62‧63‧64 眼白
（62‧64水藍色‧各2片
63白色‧2片）

①62‧63‧64 翅膀
（62霜降灰‧1片
63白色‧1片　64淺咖啡色‧1片）

②翅膀上的愛心
（62白色‧1片
63水藍色‧1片
64咖啡色‧1片）

翅膀固定位置

67‧68 頭部
（67白色‧2片
68霜降灰‧2片）

耳朵固定位置

眼睛（日本珠）固定位置

直針繡
（深咖啡色‧6股線）

65‧66 頭部
（65霜降灰‧2片
66白色‧2片）

耳朵固定位置

眼睛（日本珠）固定位置

直針繡
（深咖啡色‧6股線）

①70‧71 頭部
（70淺粉色‧2片
71淺咖啡色‧2片）

70‧71 耳朵
（70淺粉色‧2片
71淺咖啡色‧2片）

②70‧71
鼻子
（70‧71白色
‧各1片）

耳朵固定位置

眼睛（日本珠）
固定位置

直針繡
（咖啡色‧1股線）

69‧72
耳朵

67‧68‧70‧71
身體
（67霜降灰
68白色‧各2片）
（70淺粉色
71淺咖啡色
‧各2片）

頭部固定位置

65‧66‧69‧72
身體
（65霜降灰
66白色
69駝色
72淺粉色
‧各1片）

②69‧72
鼻子
（69‧72白色‧各1片）

69駝色‧2片
72淺粉色‧2片

②鬱金香
（67白色‧1片
68‧71水藍色‧各1片
70淺粉色‧1片）

繡線穿縫位置

香菇釦固定位置

胖水滴珠
固定位置

①69‧72 頭部
（69駝色‧2片
72淺粉色‧2片）

①67‧68‧70‧71 圍兜兜
（67粉紅色‧1片
68‧70‧71白色‧各1片）

66‧72 圍巾
（66粉紅色‧1片
72白色‧1片）

65‧69 背心
（65深咖啡色‧1片
69水藍色‧1片）

91

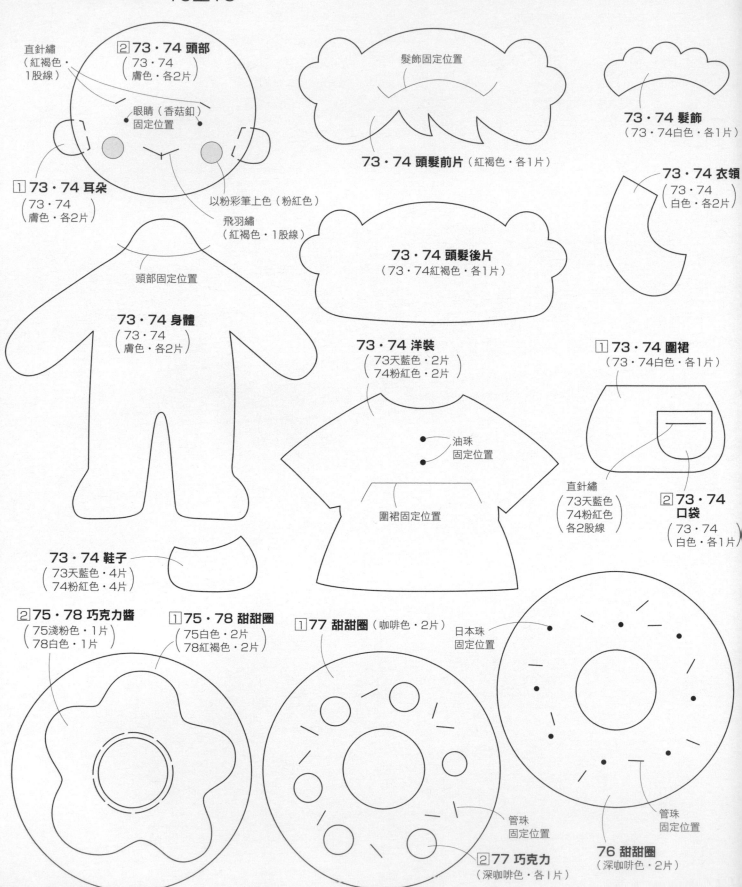

直針繡
（紅褐色・
1股線）

②73・74 頭部
（73・74
膚色・各2片）

眼睛（香菇釦）
固定位置

①73・74 耳朵
（73・74
膚色・各2片）

以粉彩筆上色（粉紅色）

飛羽繡
（紅褐色・1股線）

頭部固定位置

73・74 身體
（73・74
膚色・各2片）

73・74 鞋子
（73天藍色・4片）
（74粉紅色・4片）

髮飾固定位置

73・74 頭髮前片（紅褐色・各1片）

73・74 頭髮後片
（73・74紅褐色・各1片）

73・74 洋裝
（73天藍色・2片）
（74粉紅色・2片）

油珠
固定位置

圍裙固定位置

73・74 髮飾
（73・74白色・各1片）

73・74 衣領
（73・74
白色・各2片）

①73・74 圍裙
（73・74白色・各1片）

直針繡
73天藍色
74粉紅色
各2股線

②73・74
口袋
（73・74
白色・各1片）

②75・78 巧克力醬
（75淺粉色・1片）
（78白色・1片）

①75・78 甜甜圈
（75白色・2片）
（78紅褐色・2片）

①77 甜甜圈（咖啡色・2片）

日本珠
固定位置

管珠
固定位置

②77 巧克力
（深咖啡色・各1片）

管珠
固定位置

76 甜甜圈
（深咖啡色・2片）

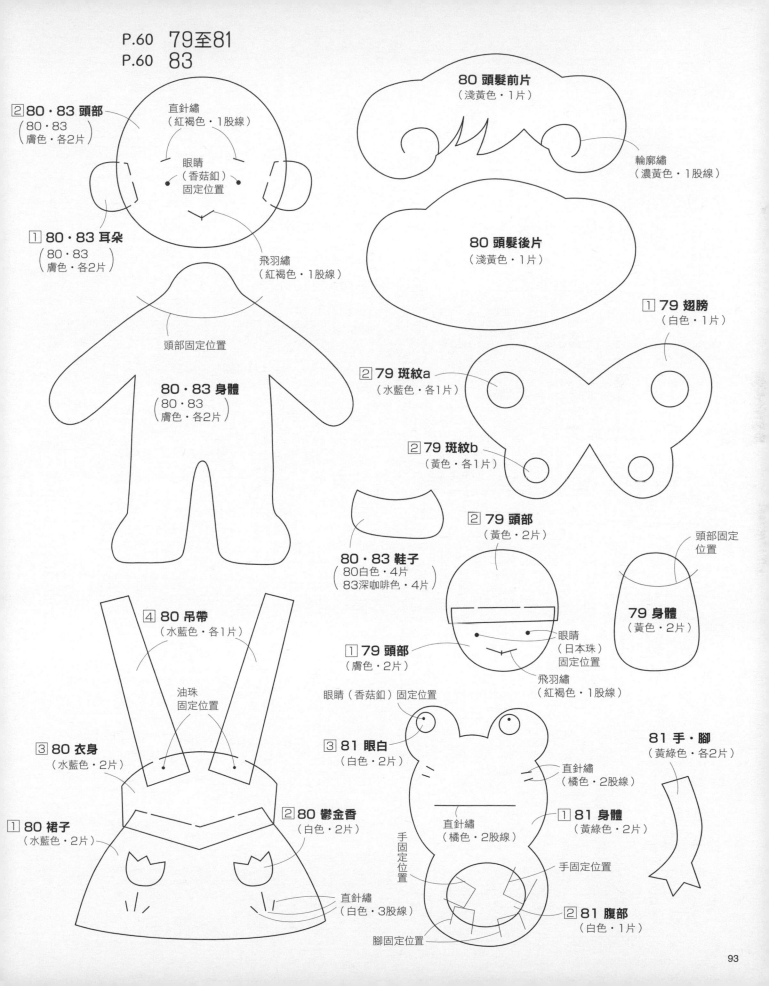

② **80·83 頭部**
（80·83
膚色·各2片）

直針繡
（紅褐色·1股線）

眼睛
（香菇釦）
固定位置

① **80·83 耳朵**
（80·83
膚色·各2片）

飛羽繡
（紅褐色·1股線）

頭部固定位置

80·83 身體
（80·83
膚色·各2片）

80 頭髮前片
（淺黃色·1片）

輪廓繡
（濃黃色·1股線）

80 頭髮後片
（淺黃色·1片）

① **79 翅膀**
（白色·1片）

② **79 斑紋a**
（水藍色·各1片）

② **79 斑紋b**
（黃色·各1片）

80·83 鞋子
（80白色·4片
83深咖啡色·4片）

② **79 頭部**
（黃色·2片）

① **79 頭部**
（膚色·2片）

眼睛
（日本珠）
固定位置

飛羽繡
（紅褐色·1股線）

頭部固定
位置

79 身體
（黃色·2片）

④ **80 吊帶**
（水藍色·各1片）

油珠
固定位置

③ **80 衣身**
（水藍色·2片）

① **80 裙子**
（水藍色·2片）

② **80 鬱金香**
（白色·2片）

直針繡
（白色·3股線）

③ **81 眼白**
（白色·2片）

眼睛（香菇釦）固定位置

直針繡
（橘色·2股線）

手固定位置

直針繡
（橘色·2股線）

手固定位置

腳固定位置

② **81 腹部**
（白色·1片）

81 手·腳
（黃綠色·各2片）

① **81 身體**
（黃綠色·2片）

93

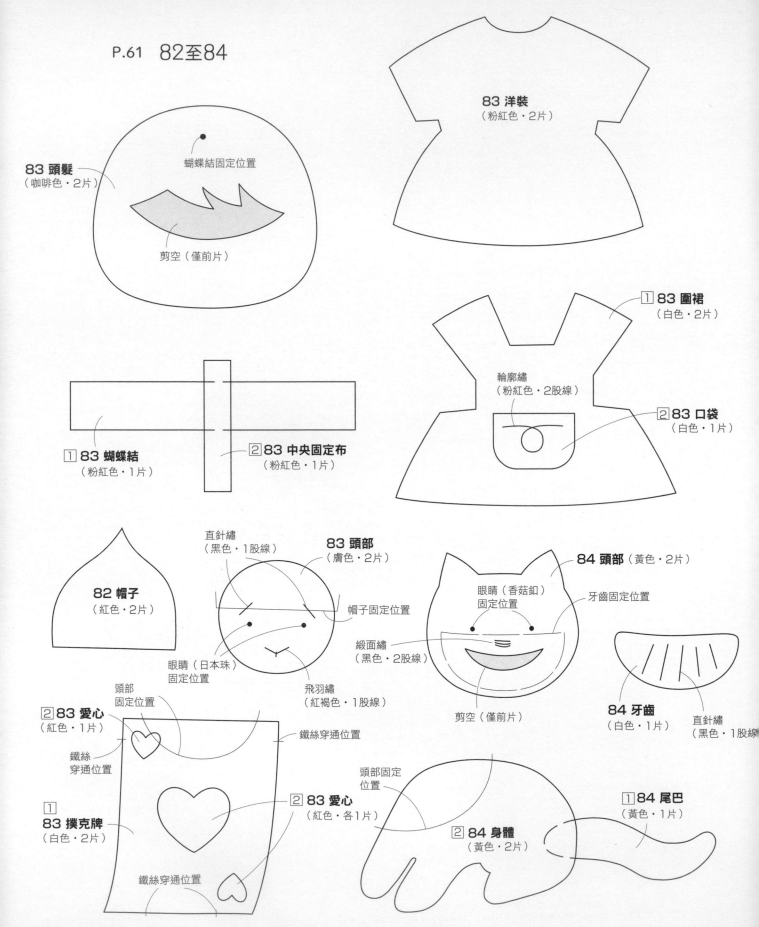

P.61 **82至84**

83 洋裝
（粉紅色‧2片）

83 頭髮
（咖啡色‧2片）

蝴蝶結固定位置

剪空（僅前片）

①**83 圍裙**
（白色‧2片）

輪廓繡
（粉紅色‧2股線）

②**83 口袋**
（白色‧1片）

①**83 蝴蝶結**
（粉紅色‧1片）

②**83 中央固定布**
（粉紅色‧1片）

82 帽子
（紅色‧2片）

直針繡
（黑色‧1股線）

83 頭部
（膚色‧2片）

帽子固定位置

84 頭部（黃色‧2片）

眼睛（香菇釦）
固定位置

牙齒固定位置

緞面繡
（黑色‧2股線）

眼睛（日本珠）
固定位置

飛羽繡
（紅褐色‧1股線）

剪空（僅前片）

84 牙齒
（白色‧1片）

直針繡
（黑色‧1股線）

②**83 愛心**
（紅色‧1片）

頭部
固定位置

鐵絲穿通位置

鐵絲
穿通位置

②**83 愛心**
（紅色‧各1片）

頭部固定
位置

①**84 尾巴**
（黃色‧1片）

①
83 撲克牌
（白色‧2片）

②**84 身體**
（黃色‧2片）

鐵絲穿通位置

94

開始製作之前

市售不織布有邊長18‧20‧40cm的方形尺寸款。
本書使用18cm以下的方形不織布進行製作。

描繪原寸紙型的方法

● 描繪原寸紙型的方法

以鉛筆將書中的原寸紙型描繪至描圖紙（透明薄紙）或薄紙上。以影印機複印也OK。

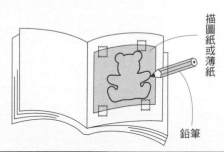

由下而上，依厚紙板、複寫紙、描圖紙的順序重疊，以原子筆等工具沿線描畫，將紙型轉寫至厚紙板上。

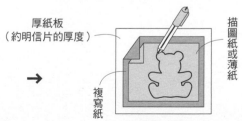

● 製作普通紙張的紙型

在紙張上直接描寫書中的紙型。大學筆記本的紙張厚度適當中，且有印刷線條作基準，描圖時不易偏移。

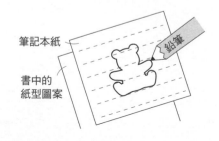

描寫時請注意

● 注意1

重疊於下方的部件紙型以虛線表示，描寫時請特別注意，接縫位置也要仔細標示合印記號。

● 注意3

需要左右對稱的圖案，其中一片一定要將紙型翻面後，再描寫在不織布上。

● 注意2

在不織布上刺繡或接縫部件時，要先描上圖案。

● 注意4

在1張紙型中有[1][2]的編號時，表示有重疊的部件紙型。請分別作出紙型後，再依[1][2]的順序重疊＆進行製作。

不織布的裁剪方法

由於不織布沒有織紋，可多花些心思配置紙型，盡量不浪費地裁剪。
且應特別注意不要搞錯裁剪片數喔！

● 使用厚紙板紙型

1.剪下紙型。

2.在不織布上描寫紙型線條。

使用B鉛筆、原子筆、簽字筆、水消筆等等皆可。

3.沿著輪廓線剪下。

沿著輪廓線內側裁剪。

● 使用普通紙的紙型

1.在輪廓線周圍留白，剪下紙型。

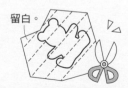

留白。

2.將紙型配置在不織布上，以膠帶黏貼固定。

透明膠帶

不織布

3.連同紙型的紙＆不織布一起裁剪。

不織布

基本縫法

捲邊縫

在2片不織布的邊緣線螺旋狀地進行卷縫。

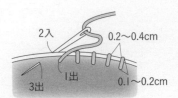

2入
0.2～0.4cm
1出
3出
0.1～0.2cm

立針縫

接縫重疊的不織布部件時適用。針目呈直角的接縫法。

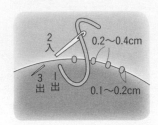

2入
0.2～0.4cm
3出 1出
0.1～0.2cm

抽取繡線的方法

1. 25號繡線僅線頭露出少許，並保留標有色號的標籤紙。

色號
線頭部

→

2. 將線頭慢慢拉出至適當長度後剪線。拉出的長度約為指尖到手肘長度+10cm。

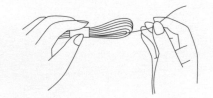

3. 一股一股地拉出細線，分開六股繡線。

多股一起拉出會使繡線糾纏在一起，因此務必一股一股地分別拉出。

刺繡的繡法

<例>直針繡（紅色·2股線）
↑　　　↑
顏色　使用○股繡線縫製

「○股線」意指…
需要取幾股繡線穿針。

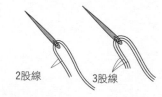

2股線　3股線

※將繡線一股一股地輕輕拉出，並避免繡線扭繞。之後再將指定的繡線股數整理在一起。

直針繡	緞面繡	輪廓繡	飛羽繡
②入 ③出 ①出	③出 ①出 ②入	①出 ③出 ②入	②入 ①出 ③出 → ③ ④入

趣・手藝 87

超可愛手作課！
輕鬆手縫84個不織布造型偶

作　　者／たちばなみよこ
譯　　者／林睿琪
發 行 人／詹慶和
總 編 輯／蔡麗玲
執行編輯／陳姿伶
編　　輯／蔡毓玲・劉蕙寧・黃璟安・李宛真・陳昕儀
執行美編／韓欣恬
美術編輯／陳麗娜・周盈汝
內頁排版／造極
出 版 者／Elegant-Boutique新手作
發 行 者／悦智文化事業有限公司　郵政劃撥帳號／19452608
戶　　名／悦智文化事業有限公司
地　　址／220新北市板橋區板新路206號3樓
電　　話／(02)8952-4078　傳真／(02)8952-4084
網　　址／www.elegantbooks.com.tw
電子郵件／elegant.books@msa.hinet.net

2018年8月初版一刷　定價320元

Lady Boutique Series No.4478
TACHIBANA MIYOKO NO TSUKUTTE TANOSHII FELT NO MASCOT
© 2017 Boutique-sha, Inc.
All rights reserved.
Original Japanese edition published in Japan by BOUTIQUE-SHA.
Chinese (in complex character) translation rights arranged with
BOUTIQUE-SHA.
through KEIO CULTURAL ENTERPRISE CO., LTD.

經銷／易可數位行銷股份有限公司
地址／新北市新店區寶橋路235巷6弄3號5樓
電話／(02)8911-0825　傳真／(02)8911-0801

Staff
編　　輯／名取美香、小池洋子
作法校閲／安彦友美
攝　　影／藤田律子
畫面設計／橋本祐子
作法圖・紙型圖／長浜恭子

國家圖書館出版品預行編目(CIP)資料

超可愛手作課!輕鬆手縫84個不織布造型偶／たちば
なみよこ著；林睿琪譯.
-- 初版. -- 新北市：新手作出版：悦智文化發行，
2018.08
　面；　公分. -- (趣.手藝；87)
ISBN 978-986-96655-0-6(平裝)

1.玩具 2.手工藝

426.78　　　　　　　　　　　　　107011527

趣・手藝 27

紙の創意！一起來作75道簡單
又好玩の摺紙甜點×料理
BOUTIQUE-SHA◎著
定價280元

趣・手藝 28

活用度100%！500枚橡皮章日日
刻
BOUTIQUE-SHA◎著
定價280元

趣・手藝 29

nap's小可愛手作帖：小玩皮！
雜貨控の手縫皮革小物
長崎優子◎著
定價280元

趣・手藝 30

誘人の夢幻手作！光澤感×超
擬真，一眼就愛上の甜點黏土
飾品37款（暢銷版）
河出書房新社編輯部◎著
定價300元

趣・手藝 31

心意・造型・色彩all in one
一次學會緞帶×紙張的包裝設
計24招！
長谷良子◎著
定價300元

趣・手藝 32

繫上女孩的優雅&浪漫
天然石×珍珠的結編飾品設計
69款
日本ヴォーグ社◎著
定價280元

趣・手藝 33

Party Time！女孩兒の可愛不織
布甜點家家酒：廚房用具×甜點
×麵包×Pizza×餐盒×套餐
BOUTIQUE-SHA◎著
定價280元

趣・手藝 34

動動手指就OK！三秒鐘・愛上・
62枚可愛の摺紙小物
BOUTIQUE-SHA◎著
定價280元

趣・手藝 35

簡單好縫大成功！一次學會65
件超可愛皮革小物×實用長夾
金澤明美◎著
定價320元

趣・手藝 36

超好玩&超益智！趣味摺紙大
全集一完整收錄157件超人氣
摺紙動物&紙玩具
主婦之友社◎授權
定價380元

趣・手藝 37

大日子×小手作！365天都能
送の祝福系手作黏土禮物提案
FUN送BEST.60
幸福豆手創館（胡瑞娟 Regin）
師生合著
定價320元

趣・手藝 38

100%可愛の塗鴉裝飾！
手帳控&卡片迷都想學的手繪
風文字圖繪750點
BOUTIQUE-SHA◎授權
定價280元

趣・手藝 39

不澆水！黏土作の啦！超可愛
多肉植物小花圈：仿舊雜貨×
人氣配色×手作綠意一懶人在
家也能作的經典款多肉植物黏
土BEST.25
蔡青芬◎著
定價350元

趣・手藝 40

簡單・好作の不織布換裝娃
娃時尚微手作一4款風格娃娃
×80件魅力服裝&配飾
BOUTIQUE-SHA◎授權
定價280元

趣・手藝 41

Q萌玩偶出沒注意！
輕黏土手作112隻擬態系の可愛不
織布動物
BOUTIQUE-SHA◎授權
定價280元

趣・手藝 42

【完整教學圖解】
摺×疊×剪×刻4步驟完成120
款美麗剪紙
BOUTIQUE-SHA◎授權
定價280元

趣・手藝 43

每天都想使用的萬用橡皮章圖
案集
BOUTIQUE-SHA◎授權
定價280元

趣・手藝 44

動物系人氣手作！
DOGS & CATS・可愛の掌心
貓狗動物偶
須佐沙知子◎著
定價300元

趣・手藝 45

初學者的第一本UV膠飾品教科書
從初學到進階！製作超人氣作
品の完美小祕訣All in one！
熊﨑堅一◎監修
定價350元

趣・手藝 46

定食・麵包・拉麵・甜點・限定
品100%！輕鬆作1/12の微型樹
脂土美食76道
ちょび子◎著
定價320元

趣・手藝 47

全齡OK！親子同樂腦力遊戲完
全版・趣味翻花繩大全集
野口廣◎監修
主婦之友社◎授權
定價399元

趣・手藝 48

牛奶盒作の！美麗布盒設計60選
清爽收納×空間整理的好點子
BOUTIQUE-SHA◎授權
定價280元

趣・手藝 50

超可愛的糖果系透明樹脂×樹脂
土甜點飾品
CANDY COLOR TICKET◎著
定價320元

趣・手藝 49

原來是黏土！MARUGO的彩色
多肉植物日記：自然素材・風
格雜貨・造型盆器懶人在家
也能作の經典多肉植物黏土
ZAKKA.27
丸子（MARUGO）◎著
定價350元

趣・手藝 51

Rose window美麗&透光：玫瑰
窗對稱剪紙
平田朝子◎著
定價280元

趣・手藝 52

玩黏土・作陶器！
可愛北歐風別針77選
堀內さゆり◎著
定價280元

趣・手藝 53

New Open・開心玩！開一間超
人氣の不織布甜點屋
BOUTIQUE-SHA◎授權
定價280元

趣・手藝 54

Paper・Flower・Gift：小清新
生活美學・可愛の立體剪紙花
飾四季帖
くまだまり◎著
定價280元

趣・手藝 55

剪開信封輕鬆作紙雜貨

每日の趣味・剪開信封輕鬆作
紙雜貨你一定會作的N個可愛
版紙藝創作

宇田川一美◎著
定價280元

趣・手藝 56

不織布動物遊樂園

可愛限定！KIM'S 3D不織布動
物遊樂園（暢銷精選版）

陳春金・KIM◎著
定價320元

趣・手藝 57

不織布的幸福料理日誌

家家酒開店指南：不織布的幸
福料理日誌

BOUTIQUE-SHA◎授權
定價280元

趣・手藝 58

花・葉・果實の立體刺繡書

花・葉、果實の立體刺繡書
以纏絲勾勒輪廓、繡製出漸層
色彩的立體花朵

アトリエFil◎著
定價280元

趣・手藝 59

袖珍食物＆微型店舖230選

黏土×環氧樹脂・袖珍食物＆
微型店舖230選
Plus 11間商店街店舖造景教學

大野幸子◎著
定價350元

趣・手藝 60

不織布點心

可愛到不行的不織布點心
（暢銷新裝版）

寺西惠里子◎著
定價280元

趣・手藝 61

木器彩繪練習本

雜貨迷超愛的木器彩繪練習本
20位人氣作家×5大季節主
題・一本學會就上手

BOUTIQUE-SHA◎授權
定價350元

趣・手藝 62

不織布Q手作超萌狗狗總動員

不織布Q手作：超萌狗狗總動員！

陳春金・KIM◎著
定價350元

趣・手藝 63

熱縮片飾品創作集

晶瑩剔透超美的！繽紛熱縮片
飾品創作集
一本OK！完整學會熱縮片的
著色、造型、應用技巧……

NanaAkua◎著
定價350元

趣・手藝 64

開心玩黏土！MARUGO彩色多肉植物日記2

開心玩黏土！MARUGO彩色多
肉植物日記2
懶人派經典多肉植物＆盆組小
花園

丸子（MARUGO）◎著
定價350元

趣・手藝 65

一學就會の立體浮雕刺繡

一學就會の立體浮雕刺繡可愛
圖案集
Stumpwork基礎實作：填充物
＋懸浮式技巧全圖解公開！

アトリエFil◎著
定價320元

趣・手藝 66

陶土胸針＆造型小物

家用烤箱OK！一試就會作的陶
土胸針＆造型小物

BOUTIQUE-SHA◎授權
定價280元

趣・手藝 67

從可愛小圖開始學縫十字繡

從可愛小圖開始學縫十字繡教
格子×玩填色×特色圖案900+

大圖まこと◎著
定價280元

趣・手藝 68

UV膠飾品 Best 37

超質感・繽紛又可愛的UV膠飾
品Best37：開心玩×簡單作・
手作女孩的加分飾品不NG初挑
戰！

張家慧◎著
定價320元

趣・手藝 69

剌繡人最愛的花草模樣手縫帖

清新・自然～刺繡人最愛的花
草模樣手縫帖

點與線模樣製作所 岡理惠子◎著
定價320元

趣・手藝 70

軟QQ襪子娃娃

好想抱一下的軟QQ襪子娃娃

陳春金・KIM◎著
定價350元

趣・手藝 71

黏土作の迷你人氣甜點＆美食best82

袖珍屋の料理廚房：黏土作の
迷你人氣甜點＆美食best82

ちょび子◎著
定價320元

趣・手藝 72

小巾刺繡

可愛北歐風の小巾刺繡：47個
簡單好作的日常小物

BOUTIUQE-SHA◎授權
定價280元

趣・手藝 73

袖珍模型麵包雜貨

不能吃の～袖珍模型麵包雜
貨：聞得到麵包香喔！不玩黏
土，揉麵糰！

ぱんころもち・カリーノぱん◎合著
定價280元

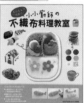

趣・手藝 74

小小廚師の不織布料理教室

小小廚師の不織布料理教室

BOUTIQUE-SHA◎授權
定價300元

趣・手藝 75

親手作寶貝の好可愛圍兜兜

親手作寶貝の好可愛圍兜兜
基本款・外出款・時尚款・趣
味款・功能款，穿搭變化一極
棒！

BOUTIQUE-SHA◎授權
定價320元

趣・手藝 76

俏皮的不織布動物造型小物

手縫俏皮的
不織布動物造型小物

やまもと ゆかり◎著
定價280元

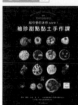

趣・手藝 77

袖珍甜點黏土手作課

超可愛的迷你size！
袖珍甜點黏土手作課

関口真優◎著
定價350元

趣・手藝 78

超大朵紙花設計集

華麗的盛放！
超大朵紙花設計集
空間＆櫥窗陳列、婚禮＆派對
布置・特色攝影必備！

MEGU（PETAL Design）◎著
定價380元

趣・手藝 79

讓人超暖心の手工立體卡片

收到會微笑！
讓人超暖心の手工立體卡片

鈴木孝美◎著
定價320元

趣・手藝 80

黏土小鳥

手揉胖嘟嘟の圓滾滾の黏土小鳥

ヨシオミドリ◎著
定價350元

趣・手藝 81

UV膠＆熱縮片飾品120選

無限可愛的
UV膠＆熱縮片飾品120選

キムラプレミアム◎著
定價320元

趣・手藝 82

絕對簡單の UV膠飾品100選

絕對簡單の
UV膠飾品100選

キムラプレミアム◎著
定價320元

趣・手藝 83

寶貝最愛的可愛造型趣味摺紙書

寶貝最愛的
可愛造型趣味摺紙書：
動動手指動動腦×
一邊摺一邊玩

いしばし なおこ◎著
定價280元

趣・手藝 84

簡單手縫可愛的不織布動物玩偶

超精選！有131隻喔！
簡單手縫可愛的
不織布動物玩偶

BOUTIQUE-SHA◎授權
定價300元

趣・手藝 85

百變立體造型的三角摺紙趣味手作

靈活指尖×想像力！
百變立體造型的
三角摺紙趣味手作

岡田郁子◎著
定價300元

趣・手藝 86

暖萌！玩偶の不織布手作遊戲

暖萌！
玩偶の不織布手作遊戲

BOUTIQUE-SHA◎授權
定價300元